激光二极管光束基础、控制及其特征

〔美〕Haiyin Sun 著

蔡荣立 译

国防工业出版社

·北京·

著作权合同登记　图字:军-2019-039号

图书在版编目（CIP）数据

激光二极管光束基础、控制及其特征／（美）孙海音
（Haiyin Sun）著；蔡荣立译. —北京：国防工业出版
社，2020.6
　书名原文：Laser Diode Beam Basics,
Manipulations and Characterizations
　ISBN 978-7-118-12121-6

Ⅰ.①激… Ⅱ.①孙…　②蔡… Ⅲ.①发光二极管-
研究 Ⅳ.①TN383

中国版本图书馆 CIP 数据核字（2020）第 068987 号

※

国防工业出版社出版发行

（北京市海淀区紫竹院南路 23 号　邮政编码 100048）
北京龙世杰印刷有限公司印刷
新华书店经售

*

开本 880×1230　1/32　印张 2⅝　字数 70 千字
2020 年 6 月第 1 版第 1 次印刷　印数 1—2000 册　　定价 48.00 元

（本书如有印装错误，我社负责调换）

国防书店：(010)88540777　　书店传真：(010)88540776
发行业务：(010)88540717　　发行传真：(010)88540762

前　言

目前已有许多关于光学设计技术方面的图书。这些书主要是针对基于几何光学和使用连续的光线追踪技术的图像光学设计。有些图书简单提到了激光束控制的光学设计。自 19 世纪 60 年代激光被发明以来,其在很多领域已得到广泛的应用。在众多种类的激光器中,激光二极管有很多独特的优点,如波长范围较宽、功率可选择、体积小、转换效率高、能被调频至吉赫而且可以用电池进行供电。基于这些优点,激光二极管被广泛应用于光纤通信、数据存储与读取、传感和测量、材料加工等领域。这些应用领域大都需要一个有一定的尺寸、形状、散度、强度分布等的激光二极管光束。在大多数情况下,光学系统需要建立可控的激光二极管光束来满足这些需求。

在设计激光二极管光束光学控制时,必须特别注意光束的高斯特性并改进几何光学射线追踪技术以免造成错误。激光光束的高斯特性经常被一些欠缺激光知识及经验的科学家和工程师所忽视。因激光二极管光束发散率大,有椭偏性和像散,导致其光束很难控制。

现在,已经有很多关于激光二极管方面的图书了。这些书籍大都是讲述激光二极管的物理特性,很少涉及激光二极管光束控制和特征描述。另外,也可以在网上搜索到一些关于激光二极管光束控制的资料。在作者看来,这些网络资源没有全面地涵盖激光二极管光束控制及其特征。一本专业的关于激光二极管光束控制及特征的书,应该为读者提供有用的信息。据作者所知,目前还没有这样的一本书。本书就试图满足这一需求。

本书总结了多年来激光二极管在工业应用上的经验,集中讲述实用性知识,只讨论一些读者为了理解这个问题所必须具备的基本物理和数学知识。本书旨在为那些初涉激光二极管应用的科学家和工程师,以及正在研究激光和光学的本科生和研究生提供一个实际的指导和参考。作者希望读者能够快速和轻松地从本书找到激光二极管应用方面最实用的信息,而不是像大海捞针一样搜索资源。由于"激光光学器件"这一术语通常用在激光腔光学,本书则采用"激光光束控制光学器件"以避免混淆。

目　　录

第1章 激光二极管基础知识

摘要:本章概括了激光二极管的光学特性,简要介绍了激光二极管的电气、机械和温度特性,介绍了激光二极管、激光二极管模块、激光二极管光学器件和激光二极管特征测量设备的供应商和分销商。

关键词:激光二极管;横模;椭圆光束;有源层;高斯分布;发散;特征描述

激光二极管在光纤通信、数据记录和读取、传感和测量及材料加工等行业中已得到广泛应用,这是因为激光二极管可以提供从紫外到红外波段的宽波长范围,像针尖一样小,却有超过 30% 的高光电转换效率,可利用电池进行供电,且可调频至吉赫。但是,激光二极管光束具有发散率大、椭偏性和像散,所以相比其他类型激光束更难控制。

相比其他类型的激光束,激光二极管也有更大的制造公差。因此,相同型号的激光二极管可能在波长、功率、阈值、束腰大小、光束发散率和波束指向等方面表现略有差别。在本书中,在谈到激光二极管的参数值时,由于公差比较大,因此必须使用"典型值"或"典型值范围"等术语。激光二极管有许多不同类型。每种类型都有其独特特性。要理解本书的内容,读者必须有一定的激光二极管背景知识。许多书籍和互联网可提供关于激光二极管的专业[1,2]或通用[3]知识。不过,为了读者方便,我们还是在不涉及大量物理和数学知识的前提下,简要地介绍一下本书的背景知识。

1.1　有　源　层

激光二极管光束由有源层上方或其内嵌的主要无源材料发出,如

1

图 1.1 所示。有源层背面涂有高反射(HR)涂层,而前面没有涂层,自然反射率约为 0.3。有源层正反两面形成激光谐振腔。带有这种腔体的激光二极管称为"法布里 – 珀罗"激光二极管,以与其他腔体激光二极管区别。有源层的折射率高于周围主要无源材料的折射率,所以充当波导。

电流注入有源层(电子与空穴相结合发出光子的地方)。光子在有源层正反两面之间反射,发出激光。有源层只有零点几微米厚,因为厚的有源层会导致激光效率降低。只有部分激光能量能够锁定在有源层中。受限于有源层的部分激光能量称为"功率限制因子"。为了增加输出激光的功率,有源层可以增加到几百微米宽,这种激光二极管称为"宽带""广带"或"大面积"激光二极管。宽带有源层可以支持多个横模(TE)激光模式。"高功率激光二极管"这一术语通常指宽带、多横模激光二极管。"横模"这一术语经常用来描述一定波导下的激光横截面场强分布。一个激光束可以包含单 TE 或多 TE。对单 TE 光束而言,模式是光束,而模式结构是光束结构。图 1.1 所示的激光束是单TE。由于多 TE 无法很好地瞄准或聚焦于小点,因此有源层的宽度通常仅限于几微米,以便将模数限制在单 TE 中。窄有源层则将发射激光的功率限制在 100mW 以内(由激光二极管的类型和波长决定)。由于多数激光二极管光束是从有源层的边缘发出,因此这些激光二极管也称为"边缘发射"激光二极管。激光二极管也称为二极管激光器和半导体激光器。

在激光二极管早期发展中,由于有源层的光增益指数变化,将其局限于激光场,这种激光二极管称为"增益诱导"激光二极管。增益诱导激光二极管的效率较低,往往有更多的横模,比较不稳定,所以已经停产。目前,激光二极管有源层的折射率要高于周围主要材料的折射率。这种激光二极管称为"指数诱导"激光二极管。有源层结构有许多不同类型,如"量子阱""多量子阱""异质结构"和"脊形"等。所有这些有源层结构的开发,都是为了提高激光二极管的效率和功率。这些不同类型激光二极管发出的激光束,不存在系统差异。激光二极管的使用者不需要过多的关心其有源层结构与材料,对激光二极管的光束特性有充足理解便足够了。

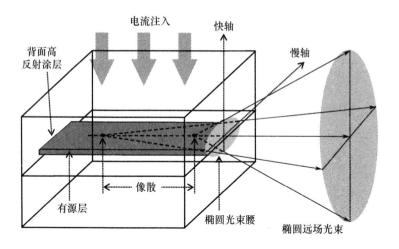

图 1.1 一个激光二极管有一层薄薄的有源层。图示发出的激光束包含单横模，是椭圆光束，具有高发散度和像散。插图中的像散有所放大。激光二极管的用户不需要过多关心有源层结构和材料，只要了解激光二极管光束特性即可。激光二极管技术发展迅猛，激光二极管知识也不断推陈出新

激光二极管技术正在飞速发展，与其相关的知识频繁更新。

1.2　单横模激光二极管光束

1.2.1　椭圆光束

单 TE 横模激光二极管光束具有准高斯强度分布，因此应用广泛。激光二极管的有源层具有矩形横截面。在驱动时，有源层会泄漏部分激光场，使有源层发出的光束呈椭圆形，如图 1.1 所示。垂直于有源层的光束束腰直径约为 $1\,\mu m$，平行于有源层的光束束腰直径则有几微米，如图 1.1 所示。光束椭圆率通常为 1:2～1:4。垂直和平行方向的光束远场发散率也有所不同，通常为 2:1～4:1。由于垂直方向的光束发散率较大，因此这个方向通常称为"快轴"方向，而平行方向称为"慢轴"方向，如图 1.1 所示。随着光束的传播，快轴方向的光束大小会逐渐超过慢轴方向的光束大小，光束形状会变成垂直的椭圆形，如图 1.1 所示。这种现象是激光二极管光束所独有的，后面本书将会详细讨论。

椭圆光束是激光二极管的缺陷特征之一。目前,业界已开发出几种使椭圆光束改善的光学器件。

1.2.2 大发散度

单横模 TE 激光二极管的光束发散率可能与其他类型的激光二极管完全不同,甚至相同类型二极管也会有不同的发散率。快轴和慢轴方向上的典型半高宽(FWHM)发散角分别为 15°~40°和 6°~12°。传统激光二极管行业用 FWHM 发散角来说明光束的发散率。而在光学行业,经常使用 $1/e^2$ 强度发散率。后者比前者约高出 1.7 倍。

由于快轴方向的发散率较大,因此用于校准或聚焦激光二极管光束的透镜必须至少有一个非球面来校正球面像差,至少有 0.3 的数值孔径避免出现严重的切光现象。不过数值孔径为 0.6 的透镜也会出现切光现象。市面上有许多专为校正激光二极管光束设计和制造的非球面透镜,数值孔径为 0.3~0.6,这意味着快轴方向上的激光二极管光束仍然或多或少地出现切光现象。切光现象将造成旁瓣和光束的移焦,增加光束的发散率。所以,大发散光束是激光二极管另一个不受欢迎的特征。

1.2.3 准高斯强度分布

激光二极管光束 TE 的形状或结构主要由激光二极管的有源层结构决定。波导理论表明,矩形波导 TE 未必就是高斯模型。有源层的结构可能很复杂,不同激光二极管的结构不尽相同。有源层内的增益和有源层外的损失也会影响模型的形状。因此,多数单 TE 激光二极管的模型与高斯模型略有不同[4]。据笔者所知,目前还没有确认激光二极管类型与横模形状二者之间的关系,只报道过一些个案。激光二极管 TE 的中心部分通常类似于高斯分布,而边缘部分则不太一致,尾部比高斯模型更长或更短,如图 1.2 所示。实际观察到的激光二极管光束强度分布,通常看起来像图 1.2"线"上的部分。底部的几个百分点分布似乎被截断了,这种现象可能是由于激光二极管有源层的复杂结构造成的。

单 TE 激光二极管光束通常近似于高斯模型,因为高斯模型简单、易懂。这种近似对于多数应用而言,已经足够准确。

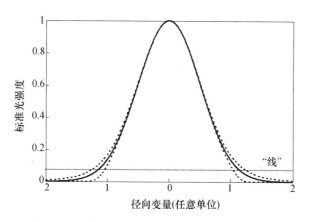

图 1.2　实线是一个高斯模型。两个虚线是准高斯模型,虚线的中部接近于高斯模型,但比高斯模型有更长或更短的尾部。实际观察到的激光二极管光束的强度通常看起来像上面"线"的一部分

1.2.4　像散

激光二极管光束具有像散性,这是由于沿慢轴方向通过有源层的矩形波导(有源层)和增益分布不同的结果。如图 1.1 所示,快轴方向的光束束腰位于有源层的平面上,而慢轴方向的束腰位于快轴方向束腰的后方。为了清晰起见,图 1.1 的像散有所放大。与其他激光二极管参数相似,不同类型激光二极管的像散值不同,相同类型二极管的像散值也不尽相同。对于单 TE 激光二极管而言,像散通常为 $3 \sim 10\mu m$,而对于多 TE 激光二极管而言,像散通常为 $10 \sim 50\mu m$。从应用的角度来看,没有必要探究像散的根源,我们更感兴趣的是像散的测量和校正。

像散是单 TE 激光二极管另一个不受欢迎的特性。目前,已经开发出几种校正像散的光学器件。在 5.4 节和 3.4 节,我们将分别讨论像散的测量和校正。由于多 TE 激光二极管光束不能很好地校准或聚焦于小点,因此这些光束的像散意义不大。

1.2.5　偏振

激光二极管光束是线性偏振光。单 TE 激光二极管偏振率较高

5

（50:1 ~100:1），而宽带隙多 TE 激光二极管为 30:1 左右。偏振出现在慢轴方向。激光二极管光束的高极化率既有优点，也有缺点，这取决于应用场合。相比之下，多数 He – Ne 激光束都属于无规则偏振光。

1.3　多横模激光二极管光束

1.3.1　宽带隙激光二极管光束

为了维持激光效率，有源层的厚度不能再增加。为了提高激光功率，唯一的办法只有增加有源层的宽度。对于功率高于 100mW 左右的激光二极管而言（由激光二极管类型和波长决定），有源层的宽度为几十微米，甚至几百微米。这种激光二极管通常称为"宽带隙激光二极管"。宽带隙有源层发出的光束包含多个 TE，如图 1.3 所示，每个 TE 都是准高斯模型。所有这些模式结合形成一个"多 TE 横模光束"。随着光束的传播，每个模式都会变大，逐渐合并在慢轴方向上形成一束光线，如图 1.3 所示。

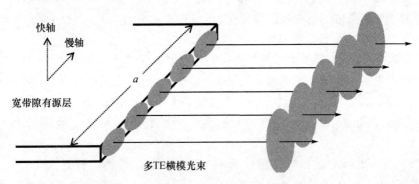

图 1.3　宽条纹激光二极管的光束包含多 TE

图 1.4 所示为 5 个 TE 在 3 个传播方向的距离的空间强度分布。图 1.4（a）所示为激光二极管面上很近处的强度分布。随着光束的传播，5 个模式都会变大，然后逐渐合并，如图 1.4（b）和（c）中的虚线所示。5 个模式相结合的强度分布如图 1.4（b）和（c）的实线所示。当我

们扫描到这种多 TE 光束时,扫描头通常距离激光二极管至少几毫米,扫描结果类似于图 1.4(c)所示。然而,这种光束并非真正的平面光束。当光束聚焦时,如果聚焦透镜的质量比较高,则焦点的强度分布将如图 1.4(a)所示,如果聚焦透镜发生畸变,导致模型尺寸变大,那么焦点的强度分布如图 1.4(b)所示。

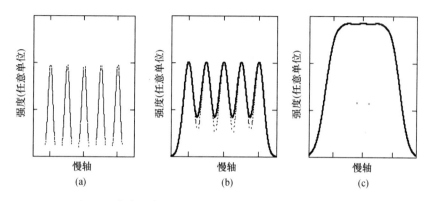

图 1.4　虚线的空间强度分布曲线是五个 TE3 个传播距离
(a)在或接近二极管方面；(b)在几个微米；(c)在几十微米。
(实线是 5 个模式相结合的空间强度分布)

　　宽带隙激光二极管光束不像我们经常看到的激光光束,而在某种程度上就像灯泡发出的光。这些光束不能聚焦成一个小点。第 4 章将会详细讨论这个问题。

1.3.2　叠层激光二极管光束

　　几个宽带隙有源层可以叠加起来,进一步提高激光功率。这种激光称为"叠层激光二极管"。图 1.5 所示为一个 4 层叠加的激光二极管。有源层宽度和叠层有多种不同的组合方式。激光二极管的叠层功率可以达到数千瓦。叠层激光二极管可以视为大小为 $a \times b$ 的矩形光源,如图 1.5 所示。

　　叠层激光二极管的光束不像我们经常看到的激光束,在某种程度上更像电灯泡发出的光。这些光束不能聚焦于小点。第 4 章将会详细讨论这一点。

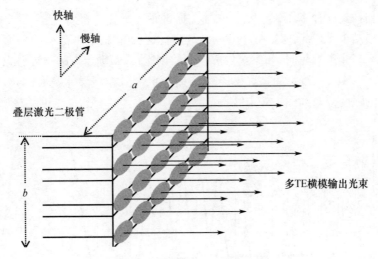

快轴

慢轴

叠层激光二极管

a

b

多TE横模输出光束

图 1.5　叠层激光二极管示意图

1.4　激光二极管的光谱特性

激光二极管有许多种类型,分别采用不同增益材料和有源层结构。即使相同类型的激光二极管,制造公差也会造成激光二极管的工作差异。激光二极管的工作原理远比其他类型激光器复杂。

1.4.1　纵模

激光二极管有源层的正反两面形成激光腔。腔体的光程长由 nL 求出,其中 n 是有源层材料的折射率,而 L 是腔体的物理长度,如图 1.6所示。n 通常在 3 到 4 之间,而 L 通常为零点几毫米。因此,nL 估计约为 1mm。腔体允许许多光学驻波或纵模存在其中。图 1.6 以两个驻波为例。注意,纵模通常简写为"模",但它指的是具有一定波长的激光场。虽然"TE 横模"也常简写为"模",但它指的是具有一定空间结构的激光场。

激光二极管有源介质具有典型高斯或洛伦兹型增益分布。只有增益带内的纵模才能被有源介质放大,如图 1.7 所示。激光增益来自注入电流所提供的载流子,而载流子的数量是有限的。最靠近增益峰值

8

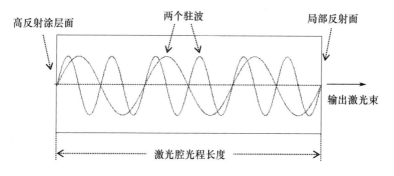

图 1.6 激光腔内驻波示意图

的纵模具有最大的增益,可以说是最强的模。而最强的模要比其他模消耗更多的载流子,只留下较少的载流子供其他模消耗。这使得最强模处于更有利的位置,导致最强的模要消耗更多的载流子。如此循环,最终所有其他模都会被消灭掉,这种现象称为"模式竞争"。模式竞争使得多数激光二极管可以使用单一纵模或单一波长进行工作,这对于激光二极管用户而言是个好消息。但是,多纵模在激光二极管中并不常见,尤其在低功率的情况下。两个相邻模式的模式间距或波长差约为1nm。

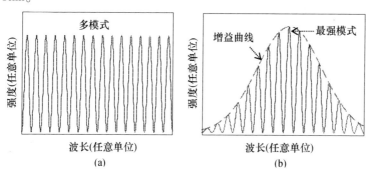

图 1.7　(a)激光腔可支持多种纵模以及
(b)有源介质只支持增益分布内的纵模

1.4.2　波长

激光二极管的波长范围从紫色线到红外线变化。宽波长选择是激光二极管对于其他激光器的主要优势之一。由于制造公差,激光二极管通常波长公差为 $d=5\text{nm}$ 左右。激光二极管用户必须充分意识到这一点。如果想要更为精确的波长,用户可以以更高的价格,请供应商为其选择波长更加精确的激光二极管。

从图 1.6 可以看到,纵模的波长与腔体的光程长 nL 成正比。有源介质的折射率是载流子密度或注入电流的函数,所以可以通过改变注入电流来改变波长。典型的变化率为 $\mathrm{d}\lambda/\mathrm{d}I \approx 0.01\text{nm}/\text{mA}$。有源层的热膨胀也会改变波长。

随着有源层的温度或注入有源层的电流发生改变,增益分布没有移动多少,所以纵模将会移动与增益带的相对位置。最强模式可能会逐渐离开增益峰值,另一模式逐渐靠近增益峰值。当经过临界点之后,其他模式便会成为主导,消灭之前的最强模式。这种现象称为"模式跳变"(或跳模)。有时,激光二极管工作在两种模式同样接近峰值的情况下,温度/电流的小微扰可能会打破平衡,两种模式之间就会发生重复跳模。跳模不仅会改变波长、激光功率,甚至光束的空间分布也会受到轻微影响。连续跳模是我们不希望看到的,所以应当通过稍微调节激光二极管的温度或注入电流,避免这一情况发生。

以下是一些常用激光二极管的波长:

375nm	405nm	445nm	473nm	485nm	510nm	635nm
640nm	657nm	670nm	760nm	785nm	808nm	848nm
980nm	1064nm	1310nm	1480nm	1512nm	1550nm	1625nm
1654nm	1877nm	2004nm	2330nm	2680nm	3030nm	3330nm

由于激光二极管技术发展迅猛,波长的选择范围可能随时扩展,所以,激光二极管用户应当随时了解这一领域的最新资讯。

1.4.3　线宽

激光理论告诉我们,激光线宽与腔体的光程长成反比。激光二极管腔体的光程长很短,约为 1mm,这意味着线宽很大。有源层材料的折射率是注入电流或载流子密度的函数,折射率与载流子密度之间的耦合效应,称为"线宽增强因子 α"。α 取值为 $2\sim7$。实践证明,$1+\alpha^2$ 因子会进一步增加激光二极管的线宽。其他类型的噪声也会增加线宽。所有这些因素加起来会使激光二极管的线宽远大于其他激光器的线宽。激光二极管线宽的典型值为 $\Delta\lambda \approx 0.1\text{nm}$。如果假设波长为 $\lambda \approx 1\mu\text{m}$，那么激光二极管光束的相干长度 ΔL 与其线宽有关：$\Delta L = \lambda^2/\Delta\lambda \approx 10\text{mm}$。激光二极管光束的短相干长度限制了它们对应用的干扰。

目前，业界已开发出两种特殊的激光二极管，它们在减少线宽的同时还可以确保单纵模工作。

（1）分布反馈（DFB）激光器二极管。这种激光二极管将折射率光栅固定在纵模有源层内，光栅支持一个纵模，而抑制其他纵模，从而明显将线宽降低一阶，甚至更多。

（2）分布布拉格反射（DBR）激光二极管。这种激光二极管将折射率光栅反射器固定在有源层末端，反射器选择性地只反射一个纵模，从而将线宽降低一阶，甚至更多。

1.5 激光二极管功率

1.5.1 连续波工作

激光二极管输出连续波（CW）的功率范围为 TE 单模模式的毫瓦到叠层激光二极管输出的几千瓦。激光二极管的电 – 激光能量转换效率在 0.5mW/mA 以内。随着激光二极管温度的上升，转换效率下降，效率变化率约为 1%/℃。

激光功率与注入电流关系的典型曲线类似于图 1.8，这条曲线称为 ~L~I 曲线。当电流低于阈值时，激光二极管只自发发射，在激光波长相同的情况下，这种光比较微弱和发散。随着电流的增加，自发发射的强度逐渐增加。达到阈值时，激光增益相当于所有损失之和，如材料吸收损失和腔体损失等。当注入电流超过阈值时，激光二极管开始发射激光，随着电流的增加，激光功率迅速增加。随着电流的持续增加，激光功率的增速开始放慢。当激光功率达到饱和时，如图 1.8（a）所示。指定功率水平应当低于饱和功率。进一步增加电流可能会导致激光二极管爆裂。激光二极管用户应当缓慢增加电流，直到激光功率达到数据表规定的水平，以免激光二极管过载。过载 1s 就可能使激光二极管局部或完全爆裂。不同激光二极管的阈值电流水平从几十到几百毫安不等。同样地,相同类型的不同激光二极管可能会有几十个百分比的阈值电流差和几十个百分比的 $L \sim I$ 曲线斜率差。

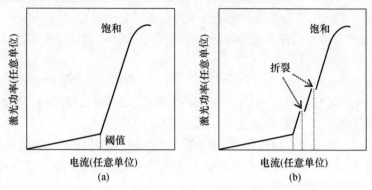

图 1.8　(a)典型 $L \sim I$ 曲线以及(b)两次折裂的曲线

有时,$L \sim I$ 曲线会有折裂,如图 1.8(b)所示。折裂是一种纵模跳变现象,因为变化的电流会改变激光腔的光程长,造成跳模或折裂。对于连续波应用而言,应当调整激光电流,避开折裂点。对于调制应用而言,电流会扫过可能覆盖折裂点的范围,导致折裂点影响应用。有些激光二极管规定的操作范围中没有折裂点。

激光二极管有源层体积微小,只有 $100\,\mu m^3$ 左右,这么小的体积内,电流密度和激光功率密度非常高。高激光功率密度是激光二极管损坏的主要原因。

1.5.2　调制和脉冲

激光二极管可以通过调节注入电流来进行调制。当注入电流发生变化时,激光场在激光腔内往返几次,以确定新的工作状态。这几次往返所需要的时间决定了激光二极管的最大理论调制率。对于 1mm 光程长激光腔而言,激光腔内的一次往返需要 $2 \times 1mm/3 \times 10^8 ms^{-1} \approx 7 \times 10^{-12} s$,而几次往返需要约 $10^{-11} s$,实际达到的最大调制率约为吉赫。这种频率主要用于光纤通信。在其他应用中,兆赫调制速度已经足够快,对激光二极管而言绰绰有余。

12

激光二极管也可以进行脉冲调制。最小脉冲宽度和最大周期是有限的,在某种程度上类似于对最大调制率的限制。许多激光二极管是专为脉冲操作设计的。通常脉冲宽度和占空比分别为 100ns 和 0.1%。脉冲工作输出的峰值功率远高于平均功率连续波工作。在测距应用中,激光二极管是脉冲调制的,脉冲激光二极管需要脉冲电源。在脉冲激光二极管模块内嵌入特殊的电子器件,它可以吸收连续波电功率,输出电脉冲。

1.6 温度特性

激光二极管的工作状态会受到温度变化的影响。高工作温度不仅会降低效率,而且会以几个百分点每摄氏度的速度降低激光二极管的寿命。腔体的热膨胀可以增加波长,可见光波长变化率通常为 $d\lambda/dT \approx 0.2nm/℃$,红外波长的变化率则为 $d\lambda/dT \approx 0.3nm/℃$。温度变化会改变折裂发生的电流值。低功率激光二极管内具有体积约为 $100~mm^3$ 的金属底座。这个金属底座作为安装支撑和散热器,需要与更大的散热器产生热接触。激光二极管芯片很小,其温度可以通过红外光谱来进行测量。不过,要测量并不容易。一般是通过监测和控制散热温度来监测和控制激光二极管温度。当激光二极管的温度上升,最大容许注入电流和最大激光功率下降。在较低温度下的安全驱动电流,对于较高温度而言可能太大。因此,许多激光二极管模块都具有温度稳定功能。

如果采取适当的保护措施,激光二极管的寿命可长达 10000h。

1.7 激光二极管的电气特性

激光二极管可以由 2V 或更高的直流电源驱动。激光二极管使用手册应当指定电源电压。激光二极管很容易遭受静电放电而损坏。操作激光二极管的工作台和人员应当正确地接地。否则,激光二极管可能会在没有任何明显迹象的情况下受损。激光二极管也很容易因注入电流激增而损坏,应当使用经过保护电路的电源或电池,或特殊电源来驱动二极管。激光二极管装入模块内之后,方可以用未接地的双手或工具操作模块。模块外壳可以保护内部的激光二极管免受静电放电的危害,用常规电源安全地操作模块。而模块内的电子则可以保护激光二极管免受电涌的损坏。

不同类型激光二极管的内部电路可能略有不同。图1.9显示了3种典型内部电路。激光二极管通过施加正向电流进行工作。内部电路的光电二极管安装在激光二极管有源层背面之后,接收高反射涂层背面泄漏的激光功率。光电二极管输出电流与激光功率成正比,作为环路中的反馈稳定激光功率。注意,没有温度控制的话,激光二极管模块不能同时在功率稳定模式和电流稳定模式下工作。因为电流恒定,温度变化会改变激光功率;而功率恒定,温度变化需要不同的电流。功率稳定是激光二极管模块的基本功能之一。

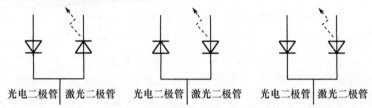

图1.9 3种类型的激光二极管内部电路

激光二极管用户应当查看器件手册,了解内部电路如何连接到组件的管脚。

1.8 垂直腔面发射激光器(VCSEL)

VCSEL是一种独特的激光二极管,如图1.10所示。两个布拉格反射器形成激光腔,一个布拉格反射器上蚀刻一个输出激光束的圆形窗口。因此,输出的光束是圆形的。圆形光束是VCSEL的主要优势。激光发射腔的长度相当于有源层的厚度,非常短。在激光场从腔输出之前,没有多少增益。激光功率只有几毫瓦,这是VCSEL的主要缺点。增加激光功率的唯一办法是加大窗口。不过,加大窗口会使输出的光束具有多TE,从而剥夺VCSEL的唯一优势。

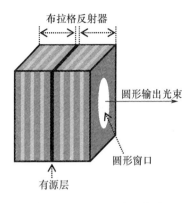

图 1.10 VCSEL 的示意图

1.9 制造公差

激光二极管的制造公差远高于其他类型激光器。前几章我们已经提到,激光二极管的波长公差为几纳米,光束发散公差为几度,阈值电流公差为几十个百分点,而 $L \sim I$ 曲线斜率的公差为几十个百分点。除了这些公差,激光二极管芯片在激光帽内所有 3 个方向也会产生约 0.1mm 的机械装配公差和约 $\pm 0.2°$ 的指向公差。

在组装激光二极管模块时,激光二极管芯片必须放置在准直透镜的焦点上。芯片必须指向透镜的光轴方向。甚至我们可以将激光二极管帽与准直透镜精确地对齐,但由于这些机械公差,这一工作并非是精确的。激光二极管帽必须使用一些典型位置和指向进行调整。在调整激光二极管帽位置和指向方向时,必须监控远场光束模式和光束位置。当远场光束模式像图 3.4(a)所示的这么干净、对称的时候,再进行对齐,而远场光束模式以标靶为中心其位置与之前的一致。

1.10 激光二极管组件和模块

1.10.1 激光二极管组件

低功率激光二极管有两个直径分别为 9mm 和 5.6mm 的标准组

件,如图 1.11 所示。激光二极管芯片安装在管帽内。两个组件的形状和比例相同,只是大小不同。管帽内充满惰性气体,并且完全密封。惰性气体可以大大降低高激光功率密度造成的激光二极管面氧化。管帽上方有一个发射激光束的亚毫米级玻璃窗,如图 1.11 所示。管帽大小与内部激光二极管芯片的功率无关。激光二极管帽的金属底座则作为安装支撑和散热器。

图 1.11　标准的低功率激光二极管组件

高功率激光二极管和叠层激光二极管没有标准组件。所以,我们可能会看到各种不同形状、结构和大小的组件,如图 1.12 所示。有时,高功率激光二极管除了组件随带散热器外,还需要附加冷却器。

图 1.12　各种类型的高功率激光二极管组件

16

1.10.2 激光二极管模块

由于激光二极管发出的光束发散率比较高,难以把握,而且激光二极管容易受到静电放电的损坏,因此激光二极管通常作为模块销售。激光二极管用户只需要处理模块,而不需要直接处理激光二极管。通常激光二极管模块至少包括 3 个基本组件,即激光二极管、准直透镜和电路板。这 3 个组件密封在坚硬的金属管内,用两条或两条以上电缆将激光二极管模块与电源连接,如图 1.13 所示。透镜可以准直激光二极管光束,使激光二极管用户有方便使用的平行光束。电路板至少有一个激光功率稳定功能(利用安装在激光二极管后的光电二极管)。一些激光二极管模块也有注入电流稳定功能。电路板也可以保护激光二极管免受电源电涌的破坏。激光模块的金属壳进行电气接地,保护内部激光二极管免受静电放电的破坏。准直透镜可以沿光轴移动,提供调焦功能。电路板则有调制、脉动,甚至编程功能。模块可附带电风扇,用以冷却。

激光二极管供应商提供各种激光二极管、准直透镜和一些电路板供用户选择。他们也组装模块,以最大限度地满足用户需求。购买激光二极管模块,可能比购买 3 个组件然后自己组装要贵两倍,但可以为用户节省许多时间和精力。

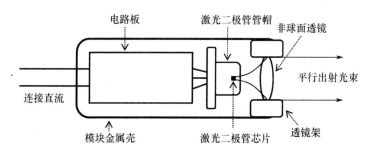

图 1.13 一个最基本的激光二极管模块的示意图

1.11 激光二极管、激光二极管模块、激光二极管光学器件和激光二极管光束特征测量设备的供应商和分销商

1.11.1 激光二极管的供应商

制造激光二极管芯片需要昂贵的设备和严格的过程控制。品牌公司生产的激光二极管,质量更高,特别是寿命更长,可能比一些不知名企业生产的激光二极管要贵两倍。对多数应用而言,品牌激光二极管可谓物有所值。因激光二极管爆裂停止工作,而请维修人员来修理设备,是很麻烦的事。以下是部分名牌激光二极管制造商名单:

Hitachi	Toshiba	Rohm	Mitsubishi	Sony
Hamamatsu	JDS Uniphase	Coherent	Opto Power	Applied Optronics
Opnext	Dilas Diodenlaser	Frankfurt Laser Company	Sacher Lasertechnik	Jenoptick

如今,低功率激光二极管以数百万的量投入生产,单价低至几美元。激光二极管制造商通常不再零售激光二极管。他们固定将激光二极管批发给经销商。如果你想购买低功率激光二极管,可以试着联系经销商。以下是部分经销商名单:

Edmund Optics	Power Technology	Thorlabs	Lasermate
Blue Research	Lasertel	Digi – Key	

高功率激光二极管用于少量的特殊应用中。单价可能很昂贵,制造商通常提供零售。经销商也出售大量高功率激光二极管。

1.11.2 激光二极管模块供应商

组装激光二极管模块,要比制造激光二极管芯片容易得多。所以,对于激光二极管模块制造商而言,品牌不是那么重要。所有激光二极管模块制造商都出售模块。经销商也出售一些常用的激光二极管模块。建议用户直接向制造商购买激光二极管模块。因为制造商可以提

供更详细的技术咨询,帮用户选择适合自己的模块,提供更好的售后服务。以下是部分激光二极管模块制造商名单:

Power Technology   Micro Laser System   Coherent   Lasermate
Blue Sky Research   CVI Melles Griot   Lasertel   Point Source

1.11.3   激光二极管光学器件制造商

用来平行、聚焦激光二极管光束的透镜最常见的是由 LightPath 公司生产的。它们有两个主要产品系列,一个是专为平行激光二极管光束设计和制造的模制玻璃非球面透镜。这个透镜系列最初是由 Geltech 公司生产的,后来被 LightPath 收购。LightPath 仍然使用"Geotech 透镜"这一名称。这个透镜系列是激光二极管光束操作最常用的透镜,相比其他品牌透镜,价格更高,每个透镜价格为 50 到 100 美元不等。LightPath 生产的另一个透镜系列称为 Gradium 透镜,属于梯度折射率透镜。随着折射率达到透镜光轴的峰值,并逐渐朝透镜的边缘下降,这些透镜的折射率呈辐射状变化。玻璃结合透镜球面的梯度折射率可以有效减少传统球面透镜的球面像差。另一家"日本平板玻璃"的子公司——福田公司也生产 SelFoc 牌梯度折射透镜。相比 Geltech 透镜,梯度折射透镜通常成本较低,质量较差。除了制造商 LightPath 公司外,一些经销商也出售 Geotech 系列透镜。以下是部分经销商名单:

Edmund Optics   Thorlab   Power Technology

一些公司,如 CVI Melles Griot、新港和环球光学(美国),生产多元素准直激光二极管光束透镜。这些透镜由几个球面透镜组成,质量较高。买家应当直接联系这些公司,了解详细的信息。还有一些其他品牌透镜(非球面或多元素球面透镜),也可以准直激光二极管光束。

注意,市面上有许多不同类型的非球面镜片,多数是为其他应用而设计,无法很好地准直激光二极管光束。用户应当充分认识这一点,只选用激光二极管光束专用的准直透镜。

1.11.4 激光二极管光束特征测量设备供应商

激光二极管光束特征描述设备包括光束剖析工具、激光功率计、能量计、波长计和光谱分析仪。光束剖析工具可用于描述其他类型激光束,但主要用于描述激光二极管光束,因为激光二极管光束有各种形状和发散率。第5章将会详细讨论光束剖析工具的使用,用于激光二极管的激光功率和能量计也可用于其他类型的激光器。

市面上有一些高精度激光波长计,例如布里斯托尔仪器(原名伯利)生产的波长计,可以提供 0.001 ~ 0.0001nm 的测量精度。这些波长计很贵,需要在测量时仔细对准光束,或者将光束耦合到单模光纤中。这些波长计对于测量激光二极管而言,简直大材小用,因为激光二极管光束线宽较宽,它们的波长会随着温度和电流而变化。测量精度为 1 ~ 0.1nm 的波长计(如相干公司生产的简单波长计)足以测量激光二极管光束。这种波长计带有 3 种不同光谱响应探测器。波长计软件比较 3 个探测器的输出信号水平,计算测量精度为 1 nm 的光束波长。测量过程非常简单,只要拍摄探测头上要测量的光束即可。相干公司也出售另一款精度为 0.005 nm 的波长计。单色光源或光谱分析仪也可用来测量激光二极管光束的波长。

几家公司均出售各种激光特征测量设备。其中,相干公司提供多种光束剖析工具、光束分析仪、功率计、能量计和波长计。在笔者看来,相干公司可谓是买家的首选。

参考文献

1. Coldren. L. A. : Diode Lasers and Photonic Integrated Circuits. John Wiley and Sons. Inc. New York(1995).
2. Pospiech. M. Liu. S; Laser diodes——An introduction. http://www. matthiaspospiech. de/files/studium/praktikum/diodelasers. pdf.
3. Sam's Laser FAQ. http://www. repairfaq. org/sam/laserdio. htm.
4. Sun. H. :Modeling the near field modes and far modes of single spatil mode laser diodes. Opt. Eng. 51(2012).

第2章 激光二极管光束传播基础知识

摘要:本章利用方程式和图表,探讨了激光二极管光束的传播特征、平行、聚焦和 M^2 因子,介绍了为适用激光束而修改的薄透镜方程,列举了关于激光二极管光束平行和聚焦的例子,简要探讨了光线追踪技术。

关键字:薄透镜方程;传播;平行;聚焦;光斑;高斯光束;几何光线

要了解激光二极管光束的传播特点,读者必须有一定的激光束传播理论基础知识。

2.1 基模高斯光束

多数激光束具有高斯强度分布的圆形横截面。这种光束为基本 TE 高斯光束。高斯光束的特征可以用以下 3 个方程来描述[1]。

$$w(z) = w_0 \left[1 + \left(\frac{\lambda z}{\pi w_0^2} \right)^2 \right]^{1/2} \tag{2.1}$$

$$R(z) = z \left[1 + \left(\frac{\pi w_0^2}{\lambda z} \right)^2 \right] \tag{2.2}$$

$$I(r,z) = I_0(z) e^{-2r^2/w(z)^2} \tag{2.3}$$

式中:z 为与束腰的距离;λ 为波长;w_0 为 $1/e^2$ 强度束腰半径;$w(z)$ 为 z 点的 $1/e^2$ 强度束腰半径;$R(z)$ 为 z 点的光束波前曲率半径;$I_0(z)$ 为 z 平面的光束峰值强度;r 为 z 平面的径向坐标;$I(r,z)$ 为 z 平面的光束强度径向分布。

图 2.1 所示为两条高斯激光束的传播($w_0 = 1.0$ 和 $0.5\,\text{mm}$)。两条光束均为 $\lambda = 0.633\,\mu\text{m}$。

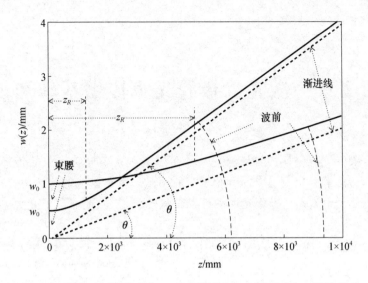

图 2.1 实线为两条光束（$w_0 = 1.0$ 和 0.5mm）中 $w(z)$ 与 z 的关系

对于瑞利距离 z_R 被定义为 $z = z_R$ 的激光束而言，光束半径为 $w(z_R) = \sqrt{2}w_0$。从式（2.1）可以求出：

$$z_R = \frac{\pi w_0^2}{\lambda} \tag{2.4}$$

两条激光束 z_R 与 w_0^2 成正比，两条激光束的 z_R 如图 2.1 所示。从式（2.1）也可以求出在远场，z 是大项，$\lambda z / \pi w_0^2 = z / z_R \gg 1$，$1/e^2$ 强度光束远场的半发散角 θ 为

$$\theta = \frac{w(z)}{z}$$

$$= \frac{\lambda}{\pi w_0}$$

$$= \frac{w_0}{z_R} \tag{2.5}$$

θ 与束腰 w_0 成反比。θ 定义了激光束的渐近线，如图 2.1 所示。

两条与图 2.1 所示光束相同的激光束按式（2.2）绘制如图 2.2 所示。从式（2.2）和图 2.2 可以看出，在束腰处，两条光束都有 $R(0)$ 接近无穷大的平面波前。随着光束的传播，$R(z)$ 逐渐变小。最小波前半

径出现在 $z = z_R$。随着光束的持续传播，光束波前逐渐变成球面，$R(z)$ 与 z 开始成正比。z_R 通常用作标准，$z \ll z_R$ 为"近场"，$z \gg z_R$ 为"远场"，而 $z \sim z_R$ 是中场。

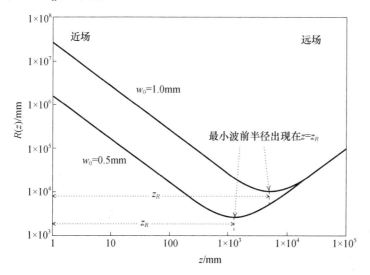

图 2.2 粗实线为两条激光束（$w_0 = 1.0$ 和 0.5mm）中 $R(z)$ 与 z 的关系。

图 2.3 绘制了垂直于光束传播方向任意截面中，呈高斯强度分布的激光束，其中 $I_0(z)$ 被归一化为 1。光束半径通常定义为 $1/\mathrm{e}^2$ 强度或半高宽，如图 2.3 所示。从式（2.3）中，可以求出 $1/\mathrm{e}^2$ 强度半径等于 $w(z)$，而半高宽半径等于 $0.59\, w(z)$。两个半径之间的比率约为 1.7。

$1/\mathrm{e}^2$ 强度半径内包围的激光能百分比可计算如下：

$$\frac{\displaystyle\int_0^{w(z)} \mathrm{e}^{-2r^2/w(z)^2} r\mathrm{d}r}{\displaystyle\int_0^{\infty} \mathrm{e}^{-2r^2/w(z)^2} r\mathrm{d}r} = 86.4\% \qquad (2.6)$$

式中：r 为径向变量。同样地，半高宽半径内包围的激光能百分比可计算如下：

$$\frac{\displaystyle\int_0^{0.59w(z)} \mathrm{e}^{-2r^2/w(z)^2} r\mathrm{d}r}{\displaystyle\int_0^{\infty} \mathrm{e}^{-2r^2/w(z)^2} r\mathrm{d}r} = 69.2\% \qquad (2.7)$$

23

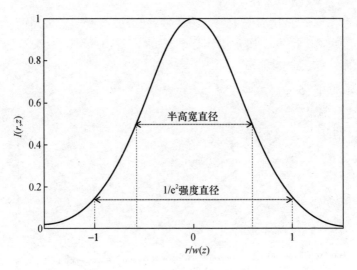

图 2.3   标准高斯强度分布

关于基本横模高斯光束的特点,学术界已经做了深入的探讨,这一课题也发表了许多文献。最常引用的文献是 Siegman 的著作[1]。

2.2 M^2 因子近似

一些固态激光器和激光二极管的光束不完全是基模高斯光束,它们可能包含高阶高斯模型。在这些光束中,很难找到模型结构的细节,因为不可避免的测量错误往往会导致不确定的结果。但所有这些非基本高斯模型光束的远场发散要远大于具有相同束腰半径的基本高斯模型光束远场发散。处理这类激光的可行办法是忽略模型结构的细节,假设光束仍然具有高斯强度分布,在光束中引入"M^2 因子"。将式(2.1)和式(2.2)修改为如下形式[2]:

$$w(z) = w_0 \left[1 + \left(\frac{M^2 \lambda z}{\pi w_0^2} \right)^2 \right]^{1/2} \qquad (2.8)$$

$$R(z) = z \left[1 + \left(\frac{\pi w_0^2}{M^2 \lambda z} \right)^2 \right] \qquad (2.9)$$

光束的瑞利距离和远场发散分别变为

$$z_R = \frac{\pi w_0^2}{M^2 \lambda} \qquad (2.10)$$

$$\theta = \frac{w(z)}{z}$$

$$= \frac{M^2 \lambda}{\pi w_0}$$

$$= \frac{w_0}{z_R} \qquad (2.11)$$

根据定义,$M^2 \geqslant 1$。如果 $M^2 = 1$,式(2.8)~式(2.11)则变为式(2.1)、式(2.2)、式(2.4)和式(2.5)。光束降低为基模高斯光束。图2.4和图2.5分别描绘了两条光束($M^2 = 1$ 和1.2)的式(2.8)和式(2.9)。两条光束均为 $w_0 = 1.0$mm 和 $\lambda = 0.633$mm。多数平行单 TE 激光二极管光束的 M^2 值为 1.1~1.2。M^2 因子已被广泛用来描述各种准高斯激光束。一些激光开发商甚至用 M^2 因子来描述多 TE 激光束。作者的观点是,M^2 因子不适用于这种用法。

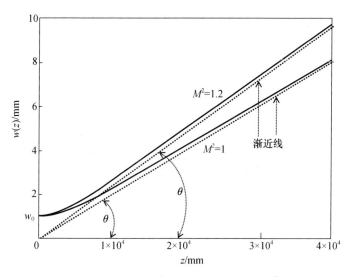

图2.4　$w(z)$ 与 z 的关系曲线,两条激光束 $w_0 = 1.0$mm,M^2 分别为 1 和 1.2

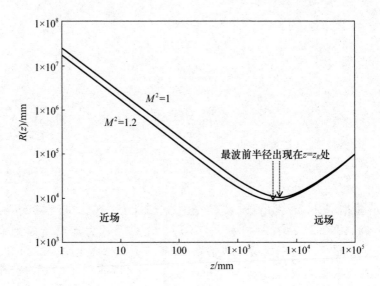

图 2.5　$R(z)$ 与 z 的关系曲线,两束激光束 $w_0 = 1.0$mm,M^2 分别为 1 和 1.2

2.3　激光二极管光束的平行或聚焦:薄透镜方程

　　薄透镜方程原本是从描述透镜如何控制几何光线的简单分析模型中求得。薄透镜方程是一个近似模型,但对于多数应用而言,其准确度已经足够,因此被广泛应用。经过一系列修改之后,薄透镜方程可以用来描述激光束如何在透镜中传播。本书将使用薄透镜方程作为主要的数学模型。

　　对于物点发出的几何光线而言,常用的薄透镜方程具有如下形式:

$$\frac{i}{f} = \frac{o}{o - f} \tag{2.12}$$

式中:o 为从物点到透镜主平面的物距,透镜聚焦物点发出的光线产生物点的图像,i 为从像点到透镜主平面的像距;f 为透镜的焦距。

　　根据式(2.13)求出透镜的放大率:

$$m = \frac{i}{o} \tag{2.13}$$

　　式(2.12)表明,如果 $o = f_+$,$i \to \infty$ 和 $m \to \infty$,则光线平行,其中 f_+ 表

示略大于 f。如果 $o = f_-$，$i \to -\infty$ 和 $m \to -\infty$，光线也平行，其中 f_- 表示略小于 f。如果 $o \to \infty$，$i \to f$，$m \to 0$，则光线聚焦。注意，实际最小的焦点半径是衍射受限半径 $1.22\lambda f/d$，其中 λ 为光波长，d 为光线束直径。

式(2.12)是为适用基模高斯光束所做的第一次修改，未考虑 M^2 因子[3]，后来的扩展则包含 M^2 因子[4]。薄透镜方程修改之后为

$$\frac{i}{f} = \frac{\dfrac{o}{f}\left(\dfrac{o}{f} - 1\right) + \left(\dfrac{z_R}{M^2 f}\right)^2}{\left(\dfrac{o}{f} - 1\right)^2 + \left(\dfrac{z_R}{M^2 f}\right)^2} \qquad (2.14)$$

式中：o 为从入射透镜的激光束腰到透镜主平面透镜的物距；i 为从透镜输出的激光束腰到透镜主平面透镜的像距；z_R 为式(2.4)中定义的入射激光束瑞利距离(如果使用式(2.10)中定义的 z_R，则 M^2 因子使用两次)。$z_R/(M^2 f)$ 是式(2.14)的一个重要参数。对于 $z_R/(M^2 f) \to 0$，式(2.14)将变为式(2.12)，这意味着这种激光束可以视为物点发出的几何光线。如果 $z_R/(M^2 f) \to \infty$，式(2.14)会造成 $i = f$，从而聚焦激光束。2.4 节将更详细地讨论激光束的平行和聚焦。

式(2.14)有一些不同于式(2.13)的特性。一个特性是微分式(2.14)可以求出最大和最小焦距，令 $\Delta i/\Delta o = 0$，得

$$o = f \pm z_R/M^2 \qquad (2.15)$$

将 $o = f + z_R/M^2$ 插入式(2.14)，可以求出最大焦距：

$$i_{max} = f\,\frac{\dfrac{2z_R}{M^2 f} + 1}{\dfrac{2z_R}{M^2 f}} \qquad (2.16)$$

将 $o = f - z_R/M^2$ 插入式(2.14)，可以求出最小焦距：

$$i_{min} = f\,\frac{\dfrac{2z_R}{M^2 f} - 1}{\dfrac{2z_R}{M^2 f}} \qquad (2.17)$$

这里 $z_R/(M^2 f)$ 再次起到重要作用。如果 $z_R/(M^2 f) \gg 1$，式(2.16)和式(2.17)会导致 $i_{max} = i_{min} = f$，这是聚焦的情况。如果 $z_R/(M^2 f) \ll 1$，式

(2.16)和式(2.17)会导致 $i_{max} \to \infty$ 和 $i_{min} \to -\infty$,光束是平行的,与物点发出的平行几何光线相似。

对于典型的激光二极管光束而言,z_R 为几微米。假设焦距为几毫米的透镜平行这个激光二极管光束,则有 $z_R/(M^2 f) \approx 0.001$。式(2.16)降低为 $i_{max} \approx f^2 M^2/2z_R \approx 500f \approx 1m$,式(2.17)变为 $i_{min} \approx -f^2 M^2/2z_R \approx -500f \approx -1m$。$i_{min}$ 的负值表明,透镜输出的激光束在准直透镜左边有一个虚束腰。

平行激光二极管光的束腰为几毫米,平行光束的 z_R 为数米。当几十毫米焦距透镜聚焦这个平行激光二极管光束时,有 $z_R/(M^2 f) \approx 100$。式(2.16)和式(2.17)分别给出 $i_{max} \approx 1.01f$ 和 $i_{min} \approx 0.99f$。光束焦点可以在约 $10\mu m$ 范围内的透镜焦点周围移动。

图2.6以 $z_R/(M^2 f)$ 为参数,用虚曲线绘制出式(2.14)。同时,图2.6也用实曲线绘制式(2.12),进行比较。图2.6显示,对于任何 $z_R/(M^2 f)$ 值,都有 $o/f = 1, i/f = 1$。每条曲线用黑点和方块表示最大和最小聚焦距离 i_{max} 和 i_{min}。如果 $z_R/(M^2 f)$ 较小,则 i 随 o 变化更快,i_{max} 和 $|i_{min}|$ 值更大。

激光束通过透镜传播的放大率用 w_0'/w_0 的比例来定义,其中 w_0' 为透镜输出光束的束腰半径。修改式(2.13)如下,求出 w_0'/w_0 [4]。

$$m = \frac{w_0'}{w_0}$$
$$= \frac{1}{\left[\left(\frac{o}{f}-1\right)^2 + \left(\frac{z_R}{M^2 f}\right)^2\right]^{0.5}} \tag{2.18}$$

$w_0'/w_0 \gg 1$ 表示光束平行,$w_0'/w_0 \ll 1$ 表示光束聚焦,$w_0'/w_0 = 1$ 表示光束传播。从式(2.18)中可以看出 $w_0'/w_0 = 1$ 可以出现在 o/f 和 $z_R/(M^2 f)$ 的各种组合中。如果 $z_R/(M^2 f) \to 0$,式(2.18)则变为式(2.13)。

图2.7以 $z_R/(M^2 f)$ 为参数绘制式(2.18)。从图2.7中可以看出,对任何 $z_R/(M^2 f)$ 值,m 在 $o/f = 1$ 时都会达到峰值。如果 $o/f = 1$,较小的 $z_R/(M^2 f)$ 会有较大的 m 值,因为这是平行的情况,所以平行光束的束腰要比入射光束的束腰大得多。如果 $z_R/(M^2 f) > 1$,m 值不会随 o/f 值改

变多少,因为这是聚焦的情况,所以焦束或焦点的束腰不会改变多少。

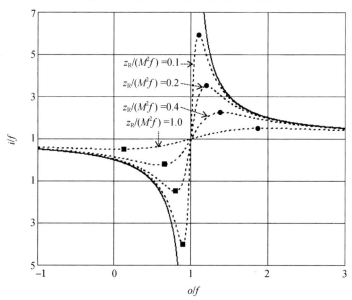

图 2.6 i/f 与 o/f 的关系曲线,虚线是 $z_R/(M^2f)$ 作为参数的
激光束曲线,实线是由用于比较的目标点发射的几何射线,
i_{max} 和 i_{min} 分别为每条曲线上黑点和正方形

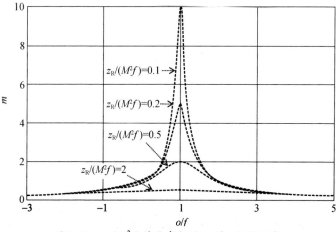

图 2.7 $z_R/(M^2f)$ 作为参数的 m 对 o/f 的曲线

2.4 激光二极管光束的平行或聚焦:图解

2.3 节讨论了描述激光光束平行或聚焦的数学模型。在本节中,将画几个图,使读者更加清晰地了解激光二极管光束的平行或聚焦。首先从平行入手。

图 2.8(a)所示为束腰位于透镜焦平面的激光光束,通过透镜传播后,光束呈平行。平行光束的束腰位于透镜的另一个焦平面上。图 2.8(b)所示为输入激光束的束腰离开透镜焦平面一小段距离。通过透镜传播的束腰也离开透镜的焦平面,这条光束未能很好地平行。图 2.8(c)显示,输入激光束的束腰离开透镜,到达 $o = f + z_R/M^2$ 这一位置,随后,通过透镜传播的束腰达到最大的聚焦距离 i_{max}。图 2.8(d)所示为输入激光束的束腰进一步远离透镜,通过透镜传播的束腰开始返回透镜。值得注意的是,在图 2.8(a) ~ (d)中,透镜输出的光束束腰大小有所变化。虽然图 2.8(b)和(d)中透镜输出光束的束腰位置相同,但束腰大小不同。

当输入的激光束腰离开图 2.8(a)所示的平行位置,向透镜移动一小段距离时,通过透镜传播的光束仍然是发散的,透镜左右两侧均出现虚束腰,如图 2.8(e)所示。图 2.8(f)所示为输入的激光束腰进一步接近透镜,到达 $o = f - z_R/M^2$,随后通过透镜传播的虚束腰达到最小聚焦距离 i_{min}。图 2.8(g)所示为输入的激光束腰更接近透镜,通过透镜传播的虚束腰开始返回透镜。图 2.8(h)所示为激光二极管光束的束腰位于 $(o/f - l)^2 = 0.5, z_R^2/(M^2 f)^2 = 0.5$。根据式(2.18)和式(2.14),分别有 $i = o$ 和 $w_0' = w_0$。

图 2.8(a) ~ (h)中,$z_R/(M^2 f)$ 的值明显小于 1,这种情况可以归为平行。注意,图 2.8 只是为了说明之用,并没有提供确切的比例。

激光二极管光束的聚焦特性如图 2.9 所示。图 2.9(a)所示输入的激光束腰位于透镜的焦平面,通过透镜传播的光束主要聚焦于其他透镜焦平面的束腰。图 2.9(b)所示为输入的激光束腰从透镜移动到 $o = f + z_R/M^2$ 的位置,通过透镜传播的束腰达到最大的聚焦距离 i_{max}。图 2.9(c)所示为输入的激光束腰进一步远离透镜,通过透镜传播的束

30

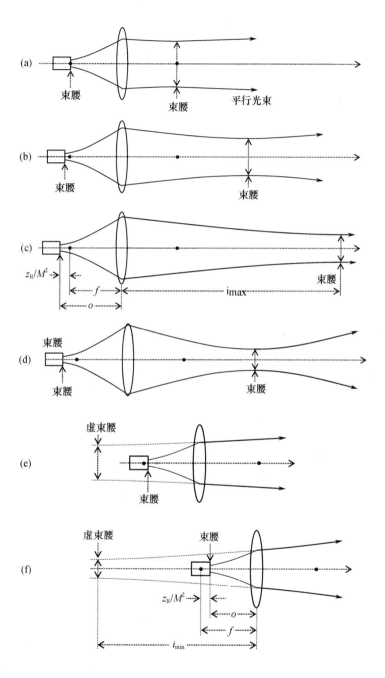

(a)

束腰 束腰 平行光束

(b)

束腰 束腰

(c)

z_R/M^2 f o i_{max} 束腰

(d)

束腰 束腰 束腰

(e)

虚束腰 束腰

(f)

虚束腰 束腰 z_R/M^2 o f i_{min}

31

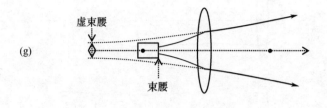

(g)

虚束腰

束腰

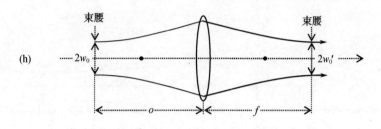

(h)

束腰

束腰

$2w_0$

$2w_0'$

o

f

图2.8 准直激光二极管光束的特征的插图,
黑色圆点表示透镜的焦点

腰开始返回透镜。图2.9(d)所示为虚束腰位于透镜右侧的输入激光束,如虚曲线所示(这意味着如果没有透镜,激光束腰将会到达该处)。通过透镜传播的束腰也离开透镜焦点,接近透镜。图2.9(e)所示为输入激光的虚束腰从右侧开始向透镜移动,到达 $o = f - z_R/M^2 = -(z_R/M^2 - f)$ 这个位置。通过透镜传播的束腰达到最小聚焦距离 i_{min}。o 的负号表示输入的激光束腰进一步靠近透镜,通过透镜传播的束腰开始离开透镜,返回透镜焦点。

我们注意到,在图2.9(a)~(f)中,$z_R/(M^2 f) > 1$,这种情况可以归为聚焦。图2.9只是为了说明之用,并没有提供确切的比例。

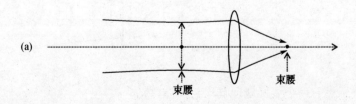

(a)

束腰

束腰

32

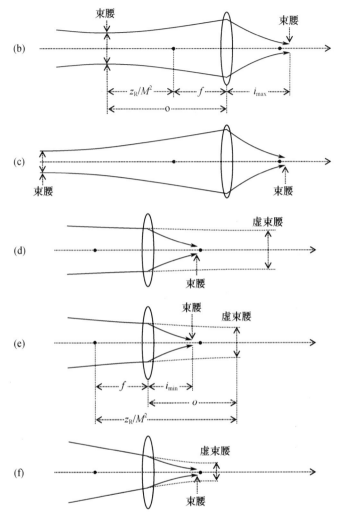

图 2.9 说明激光二极管光束的聚焦特性。黑色圆点表示镜头的焦点。

2.5 激光二极管光束平行或聚焦示例

示例有助于更好地理解激光二极管光束的平行和聚焦特性。我们考虑快轴和慢轴方向束腰半径分别为 $0.5\mu m$ 和 $1.5\mu m$，波长为

33

$0.67\mu m$ 的 $1/e^2$ 强度激光二极管光束。为简单起见,这里假设 $M^2 = 1$,光束像散 $A = 0$。这个激光二极管光束利用焦距为 $f_1 = 10mm$ 的透镜平行,然后利用另外一个焦距为 $f_2 = 100mm$ 的透镜聚焦,如图 2.10 所示。

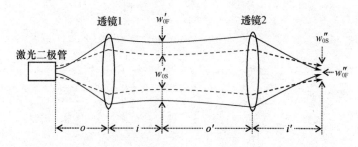

图 2.10　激光二极管光束用一个透镜平行,用另一个透镜聚焦。
实曲线和虚曲线分别为快轴和慢轴方向上的光束

通过式(2.10),可以求出这个激光二极管光束在快轴和慢轴方向上的瑞利距离分别为 $z_{RF} = 1.17\mu m$ 和 $z_{RS} = 10.55\mu m$。式(2.14)和式(2.18)分别描述图 2.11(a)和(b)所绘制透镜 1 的 i 与 o 关系曲线和 w_{0F}'、w_{0S}' 与 o 关系曲线,其中 w_{0F}' 和 w_{0S}' 分别为通过透镜传播光束在快轴和慢轴方向上的束腰半径。注意,图 2.11(a)的横轴和纵轴中点值和图 2.11(b)横轴中点值为 f_1。可以看出,快轴方向最大聚焦距离约为 43m,慢轴方向最大聚焦距离约为 4.7m。在图 2.11(a)所示的平行情况下,w_{0F}' 和 w_{0S}' 可以通过式(2.18)计算,得出 $w_{0F}' = m \times 0.5\mu m \approx 4.27mm$,$w_{0S}' = m \times 1.5\mu m \approx 1.42mm$。当 $o \neq f$ 时,光束不是很好的平行光,w_{0F}' 和 w_{0S}'' 分别小于 $4.27mm$ 和 $1.42mm$,如图 2.11(b)所示。

准直之后,激光二极管光束在快轴方向上的束腰半径比慢轴更大,发散率更低。由式(2.10)可以求出,这个平行激光二极管光束在快轴和慢轴方向上的瑞利距离分别为 $z_{RF}' = 85.3m$ 和 $z_{RS}' = 9.5m$,图 2.12(a)和(b)分别描绘 i' 与 o' 关系曲线,w_{0F}''、w_{0S}'' 与 o' 关系曲线,其中 w_{0F}'' 和 w_{0S}'' 分别为快轴和慢轴方向上的聚焦束腰半径。正如在图 2.12(a)中看到的,慢轴方向的最大和最小焦距分别为 $100.53mm$ 和 $99.47mm$。快轴方向的最大和最小焦距分别为 $100.06mm$ 和 $99.94mm$。透镜 2 的聚焦束腰半径可以用式(2.18)计算,求得 $w_{0F}'' = m \times 4.27mm \approx$

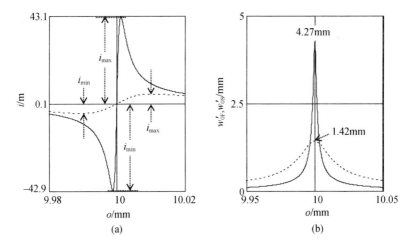

图 2.11 激光二极管光束利用 10mm 焦距透镜平行

(a)i 与 o 关系曲线；(b)w_{0F}''、w_{0S}'' 与 o 关系曲线。

a 和 b 的实曲线和虚曲线分别为快轴和慢轴方向。

0. 018mm，$w_{0S}'' = m \times 1.42$mm ≈ 0.072mm。注意，图 2.12(a)的横轴和纵轴中点值和图 2.12(b)横轴中点值为 f_2。

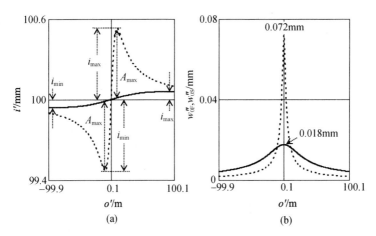

图 2.12 平行激光二极管光束利用 100mm 焦距透镜聚焦

(a)为 i' 与 o' 关系曲线；(b)w_{0F}''、w_{0S}'' 与 o' 关系曲线。

a 和 b 的实曲线和虚曲线分别为快轴和慢轴方向。

从图 2.12 中我们可以看到,如果 $o' \neq f_2$,快轴和慢轴的聚焦束腰可能会出现在不同位置。不过,这个例子中考虑的激光二极管没有像散。我们把这种现象称为"虚像散"。对于图 2.10 的结构,最大虚像散出现在 $o' = f_2 + z_{RS}' = 9.6$m 位置,约为 0.52mm,如图 2.12(a)所示。从图 2.12(b)中我们可以看到另一种有趣的现象:

当 $o' = f_2$ 时,光束能够最佳地聚焦,快轴和慢轴方向焦点大小达到最大。最佳聚焦光束焦点最大,这听起来很奇怪,但这是高斯激光束的特点。所以,如果我们希望焦点尽可能小,我们可以使光束散焦。比方说,当慢轴方向光束以最大焦距 $o' = f_2 + z_{RS}' = 9.6$m 聚焦时,焦点半径为 0.018mm,比 $w_{0S}'' = 0.072$mm 小 4 倍。

2.6　光线追踪技术

薄透镜方程是一个近似方程,只能用于模拟通过薄透镜的激光束传播。在一些应用中,需要更为准确的、按步骤进行的光线追踪。

当光线通过空气/玻璃界面传播时,光线将会根据斯涅耳定律折射:

$$n \sin\theta = n' \sin\theta' \tag{2.19}$$

式中:n,n'分别为空气和玻璃的折射率;θ,θ'分别为光线的入射角和出射角。

在设计时,激光束参数、透镜面轮廓、激光束腰与透镜面顶点都是已知的。可以确定透镜面入射激光束 $1/e^2$ 强度轮廓与透镜面接触点的位置,如图 2.13 所示,这意味着可以求出 z、$w(z)$ 和 $R(z)$。可以确定垂直穿过这个接触点波前的虚拟入射光,如图 2.13 所示。将斯涅耳定律应用于此光线,可以确定透镜面折射的虚拟光线。这条虚拟折射光与透镜面法线之间的夹角为 θ',如图 2.13 所示。根据透镜面轮廓可以得出描述这个法线的方程和 θ,所以根据式(2.19)可以求出 θ'。可以求出虚拟折射光与光轴之间的角度 ϕ。接着,可以通过式(2.20)求出垂直于折射光的波前半径:

$$R'(z) = \frac{w'(z)}{\tan\phi} \tag{2.20}$$

式中:$w'(z) = w(z)$ 是这一点上的折射光束大小,如图 2.13 所示。现

在求出了 $w'(z)$ 和 $R'(z)$，可以将式(2.1)和式(2.2)修改如下，以计算折射光束的束腰半径 w_0' 和接触点与折射束腰之间沿光轴的距离 z'：

$$w_0' = \frac{w'(z)\pi^{0.5}}{\left[1 + \dfrac{w'(z)^4 \pi^2}{R'(z)^2 (M^2\lambda)^2}\right]^{0.5}} \tag{2.21}$$

$$z' = \frac{R'(z)}{1 + \dfrac{R'(z)^2 (M^2\lambda)^2}{w'(z)^4 \pi^2}} \tag{2.22}$$

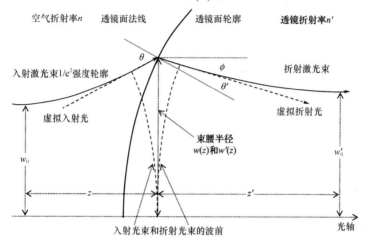

图 2.13　激光透镜表面折射

这种光线追踪技术更耗费时间，但提供了准确的结果。

参考文献

1. Siegman, A. E. : Laser, chaper 16 Wave optical and gaussian beams and chaper17 Physical properties of gaussian beams, University Science Books, Califomia. (1986).

2. Siegman, A. E. : New developments in laser resonators. Proc. SPIE 1224, 2 – 14 (1990).

3. Self, S. : Focusing of spherical gaussian beams. Appl. Opt. 22, 658 – 661(1983).

4. Sun, H. : Thin lens equation for a real laser beam with weak lens aperture truncation. Opt. Eng. 37. 2906 – 2913(1998).

第3章 用于单横模激光二极管的光学器件

摘要:本章讨论了用于单横模激光二极管工作的各种类型的光学器件 TE,其重点放在将小光束斑传输一定距离、圆极化椭圆光束、调整光束像散单模光纤耦合的光学器件。在前面的章节中讨论到关于单 TE 激光二极管光束的基础知识。在本章中,将讨论用于 TE 单横模激光二极管工作的更实用的光学系统。

关键字:单 TE;圆化;像散;光纤耦合;光束形状;光圈;光斑大小

3.1 准直和聚焦

3.1.1 透镜

单 TE 激光二极管光束具有较大的发散角。如果使用传统的球面透镜来准直或聚焦光束,那么必须使用一组透镜以减少球面像差,这组镜头的重量和尺寸会比单个非球面透镜更大。因此,单个元件的非球面透镜经常用于准直和聚焦激光二极管光束。市场上有经过特别设计和制造的针对激光二极管的非球面镜,可以用来准直光线。尽管这些特殊的非球面透镜十分昂贵,通常一个透镜要花费几十元美元,但是它们可以节省用户的时间、成本和空间,并提供高准直质量的光束。激光二极管的光束被准直后,便不再是高度发散的,更容易处理,常规球面透镜可以用于进一步准直光束。

很少有专门设计用来直接聚焦激光二极管光束的非球面透镜。使用准直非球面透镜来聚焦激光二极管光束会引起严重的像散,聚焦光点会远远大于理想情况,并且会有明显的衍射。聚焦激光二极管光束最常见的方式是使用两个准直透镜,第一个透镜用来准直,第二个透镜用来聚焦,如图3.1所示。因此,两个透镜保持最佳位置状态,可以使得聚焦的光束像散最小。通过选择两个透镜的焦距比,可以得到希望的放大率和聚焦光斑的大小。

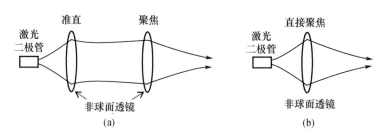

图3.1 (a)使用第一个非球面透镜准直,使用第二个非球面透镜聚焦激光二极管光束以及(b)直接使用一个非球面透镜聚焦激光二极管光束

市场上的大多数用来准直激光二极管光束的非球面透镜,数值孔径小于0.6,这些透镜将或多或少的沿快轴方向剪切光束并产生旁瓣、聚焦环和焦点偏移等。在大多数情况下,光束剪切效应尚可接受。为了进一步满足更大数值孔径的需要,使用昂贵的多元件透镜组,但是这样的透镜组很少见。光圈对光束的剪切作用将在3.6节"光圈剪切效应"展开讨论。

3.1.2 光束形状演化

单TE激光二极管光束的束腰在慢轴方向的主轴上是椭偏光,如图3.2(a)所示。由于光束发散度与光腰的尺寸成反比,光束快轴方向的转移速度比慢轴方向快。随着光束传播,在一定距离光束形状变圆,如图3.2(b)所示。这个特定的距离取决于束腰大小和波长,通常是几微米。超出这个距离,光束继续向快轴方向移动,在快轴的长轴方向上波束形状逐渐转变成椭圆,如图3.2(c)所示。

如果一个单TE激光二极管光束是准直的,准直光束腰的长轴在快轴方向,如图3.2(d)所示。准直光束在快轴方向的发散度比慢轴方向的小。随着准直光束传播,在一定距离光束形状成为圆形,如图3.2(e)所示。这个特定距离取决于准直光束腰和波长,通常在几米的范围内。超过一定距离,光束形状在慢轴的长轴方向将再次成为椭圆,如图3.2(f)所示。

如果单TE激光二极管的光束聚焦,焦点光斑与光束腰相似。主轴焦点光斑在慢轴方向,如图3.3(f)所示。在聚焦透镜和焦点光斑之间,光束形状是圆形的,如图3.3(e)所示。

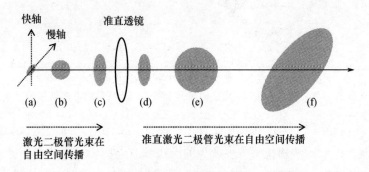

图3.2 单TE激光二极管光束在自由空间传播和
通过准直透镜传播的形状演化

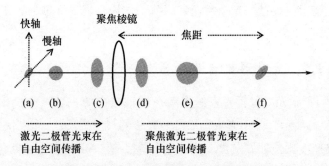

图3.3 激光二极管光束在自由空间传播和
通过聚焦透镜传播的形状演化

3.1.3　准直或聚焦光束质量检查

透镜质量和激光二极管光束对透镜的对准精度都会影响准直质量和光束的聚焦。准直单 TE 的质量可以通过视觉观察数十米之外激光二极管光束远场光束模式来检查。如果激光二极管光束被一个数值孔径为 0.5 或以上的高质量非球面透镜校正,准直光束应该有一个清晰的、没有衍射环和只有很小散射的对称点,如图 3.4(a)所示。如果激光二极管光束被一个数值孔径为 0.3 或更低的高质量非球面透镜校正,由于透镜对快轴方向的光束进行了削波,在快轴方向会有衍射环。图 3.4(b)所示为一个有几个衍射环的对称光斑,这样的光斑模型表明,激光二极管并没有很好地定位于纵向的透镜,但很好地定位横向的透镜。图 3.4(c)所示为一个有不对称的衍射环的不对称光斑,这样的光斑模型表明,激光二极管光束束腰没有定位在透镜的光轴或有指向误差,或两者兼而有之。

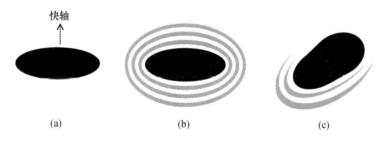

图 3.4　3 个准直激光二极管光束的远场光斑模型

单 TE 激光二极管光束聚焦光斑的质量可以通过使用相同的标准透镜在焦平面检查,如图 3.4 所示,因为焦平面在远场是可见的。

一些低价格的非球面透镜表面不平滑,将产生视觉上明显的散射光束。然而,准直或聚焦光束的质量可以用相同的方式进行检查。

一个光学模拟器可用于将远场准直光束移至 1m 或更近处。模拟器是一个可逆转使用的光束压缩机或光束扩展器,如图 3.5 所示。从式(2.10)可以看到光束的瑞利距离与束腰半径的平方成比例,压缩光束束腰很小、瑞利范围很小、远场距离也很短。

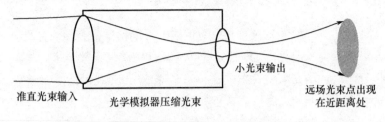

准直光束输入　　　光学模拟器压缩光束　　小光束输出　　　　远场光束点出现
　　　　　　　　　　　　　　　　　　　　　　　　　　　　　　　在近距离处

图 3.5　一个光学模拟器的示意图

3.2　最小射束光斑

　　激光二极管用户经常想在一定距离传尽可能小的光斑的高功率密度激光束，并且想知道怎样才能使光斑更小。他们经常使用术语"准直光束"或"在一定距离聚焦光束"来形容这样的要求。在某些情况下，这两个术语都是正确的。在一些其他情况下，准直光束和聚焦光束都无法在特定距离提供尽可能最小的光斑。图 3.6 所示的 3 个例子，实曲线是一束光在很短的距离 a 聚焦，长虚线是光束在最大聚焦距离 i_{max} 聚焦，短的虚线是准直光束。由于传输距离很长，通常在几十米之外，准直光束可以提供最小光斑，如图 3.6 所示的距离 b。一定距离准直光束的光斑尺寸或束腰尺寸可以通过计算得到，首先使用式（2.18）计算出准直光束腰半径，假设激光二极管束腰半径已知，然后使用式（2.8）计算在一定距离的光斑尺寸。对于最大聚焦距离内的短距离传输，可以得到光束聚焦在这个距离的最小光斑，如图所示的距离 a。光斑大小可以被算出，首先使用式（2.14）和光束焦距 a 计算目标距离 o，假设激光二极管光束束腰半径已知，然后使用式（2.18）计算在 a 处的光斑大小。对于传输距离 i_{max}，聚焦在 i_{max} 的光束将提供最小光斑，如图 3.6 所示。

　　如果光束传输距离超出了最大聚焦距离 i_{max}，但不是很长，这种情况比较复杂，可以通过下列方式进行分析。对于一个给定值 o，相应的 i 和 w'_0 可以使用式（2.14）和式（2.18）计算出。在传输距离 d 处光束的光斑尺寸 w''_0 使用式（3.1）可以计算出。

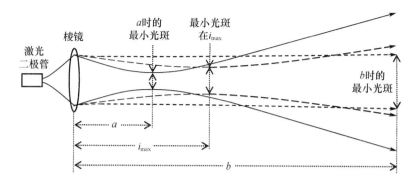

图 3.6 一束准直光束和两束聚焦光束。

在不同的距离,这 3 束光提供不同的最小光斑

$$w''_0 = w'_0 \left\{ 1 + \left[\frac{M^2 \lambda (d-i)}{\pi w'^2_0} \right]^2 \right\}^{0.5} \qquad (3.1)$$

修改式(2.8)通过 $d-i$ 替换 z 得到式(3.1),见图 3.7。在传输距离为 d 时,通过改变 o 值至 $o=f$,最小光斑尺寸可被算出,f 为透镜焦距,监控传输距离为 d 时的光斑尺寸变化,直到找到最小光斑。尽管这个过程需要一些时间来完成,但结果非常简单,解释如下:

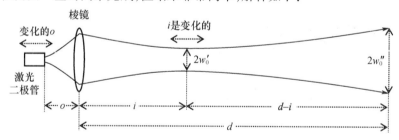

图 3.7 沿着光轴移动一定传输距离 d 找到

最小激光二极管光束的光斑尺寸 $2w'_0$

让 $o=f$,光束准直。准直光束腰半径可以被计算出,使用式(2.11)可以找到这个准直光束的远场发散角并给准直光束画一个渐近线。在任何传输距离时,最小光斑半径由准直光束或聚焦光束的渐近线给出,如图 3.8 所示。利用图 3.8 所示的结果,可以很快发现在任何传输距离时,光束最小光斑的尺寸。在文献[1]中可以找到这个问

题的详细分析。

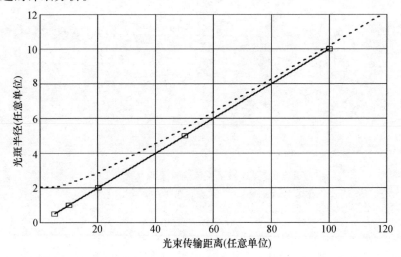

图 3.8　虚线是激光二极管准直光束半径随着传播距离变化的函数，实线是虚线的渐近线，最小光斑半径由任意光束传输距离的实线给出

3.3　直线发生器

　　激光线应用在许多建筑和医疗校准应用中。激光二极管通常被选作产生激光线的激光器。生成一个激光线最简单的方法首先是校准光束，然后使用一个柱面透镜或玻璃棒将激光光束转移到一个方向上，如图 3.9 所示。激光线转动角度 ϕ 以及线长度 b 与准直光束大小 a 成正比，如图 3.9 所示。激光二极管椭圆形光束通过旋转光束光轴提供了简单的线长度的调整。激光线发生器通常由转动角度规定。

　　激光线应用是照明类型，而不是图像类型。光线方向的光强度分布是核心问题。注意激光线上标记的黑点和作用距离 c，如图 3.9 所示。考虑焦点到点的距离约等于 $c/\cos(\theta)$，因为 c 通常比透镜焦距大得多，θ 是点与焦点形成的角。与激光线的中心的射线相比，这个距离因素包含 $(\cos(\theta))^{-1}$，以及与射线击中激光线中心相比，由 $\cos(\theta)$ 因素导致的强度减小。当射线击中所考虑点时，射线以角 $\cos(\theta)$ 投射到

44

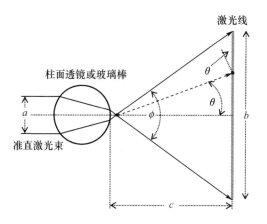

图 3.9 使用柱面透镜或玻璃棒生成一个激光线与转动角度 φ

激光线上，由 $\cos(\theta)$ 的另一个因素导致射线强度降低。因此，激光线的强度折减系数 $(\cos(\theta))^2$ 影响准高斯平行激光二极管光束的强度分布。这个 $(\cos(\theta))^2$ 因素使得激光线强度剖面的中间峰更窄和尾巴较长，尤其是对于大扇形角激光线，在激光线边缘 θ 可以大到 $60°$。

为了生成一个强度分布均匀的激光线，研制了一个特殊棱镜，如图 3.10 所示。当一个平行激光二极管光束通过棱镜传播时，中央部分的光束通过圆柱形棱镜转换为激光线，如图 3.10 所示。由于激光二极管光束是准高斯强度分布，光束中央部分的强度分布相对平坦，由中央部分光束形成的激光线的强度分布也相对平坦。此外，光束的两个边

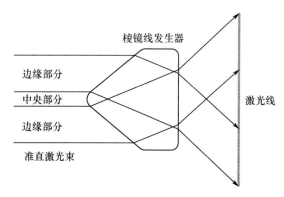

图 3.10 一个特殊棱镜产生的强度分布更加均匀的激光线

缘部分被棱镜平面部分偏转,并投射到激光线的两个边缘处,如图3.10 所示,这将增加激光线两个边缘的强度。因此,与高斯分布相比,这种棱镜产生的激光线强度分布更加均匀,尾部较短。

这种棱镜可以在埃德蒙光学目录中找到。

3.4 圆偏光与像散校正

在某些应用中,圆形激光二极管光束比椭圆形光束更可取。圆化激光二极管椭圆光束变成了一个特殊的技术问题。另外,具有像散的激光二极管光束有时是有益的。因为可以使用一些广泛应用的技术使椭圆光束圆极化和修正像散,我们将在本小节中讨论这两个问题。

3.4.1 使用两个圆柱透镜校准并圆极化椭圆光束和校正像散

当考虑激光二极管光束准直、圆极化和校正像散时,第一个想法通常是使用一对正交圆柱透镜。如图 3.11 所示,一个高功率的柱面透镜放置在离激光二极管几毫米远处的快轴方向校准激光二极管光束,另一个较低功率的柱面透镜放置在离激光二极管约 10mm 远的慢轴方向校准光束。这样选择两个圆柱透镜的焦距且准直后,光束尺寸在快轴和慢轴方向是相同的,如图 3.11 所示。随后光束被准直,椭圆光被圆极化,并且像散被校正。

虽然图 3.11 所示的方案看起来不错,但在现实中存在很大的问题。首先,由于快轴方向光束发散角大,需要非球面柱面透镜。非球面柱面透镜难以制造,罕见且昂贵。其次,高能量柱面透镜较厚,容易将像差引入慢轴方向的并光束。慢轴方向的这种现象与大的发散都需要低功率非球面柱面透镜校正。因此,实际上只有多 TE 激光二极管光束由一对球形圆柱透镜准直,因为这些高功率多光束 TE 通常用于照明类型的应用,不关心像差。

3.4.2 使用变形的棱镜和一个圆形光圈圆极化光束

图 3.12 所示,一对变形的棱镜可以在一个方向上扩展或压缩激光

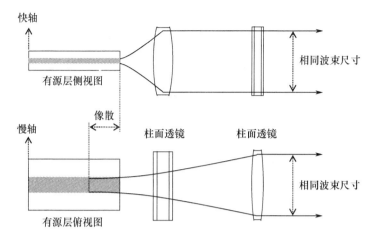

图 3.11　使用两个正交圆柱透镜准直并圆极化
椭圆激光二极管光束以及像散校正

二极管光束。激光二极管的准直椭圆光束可以通过扩展短轴方向的光束或压缩长轴方向的光束被圆极化。扩展或压缩比可以通过旋转棱镜调整,范围大约为 2～6。通过棱镜传播后,光束会有几毫米的横向位移,如图 3.12 所示。从图 3.12 可以看到,一个棱镜既可以扩展也可以压缩光束,只是扩展或压缩比很小且光束传播方向会改变。被一对变形的棱镜扩展或压缩后,光束需要被一个圆形光圈剪切。在圆极化过程中,光束强度剖面将经过下面的变化,如图 3.13 所示:

（1）准直激光二极管光束及强度轮廓是椭圆形的。

（2）被一对变形的棱镜扩展或压缩后,光束及其强度轮廓是圆角

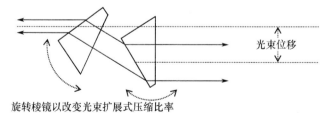

旋转棱镜以改变光束扩展式压缩比率

图 3.12　一双变形的棱镜可以在一个方向上扩展或压缩光束。
从左到右传播,光束被扩展。从右到左传播,光束被压缩。
扩展或压缩率可以通过旋转棱镜调节

的正方形。

（3）被一个圆形光圈孔径剪切后和在离光圈很短的距离内，光束是圆形的。但是其强度轮廓保持圆角的正方形。

（4）被一个圆形光圈孔径剪切后并传播很长一段距离，光束变成圆形，强度轮廓也是圆形的。

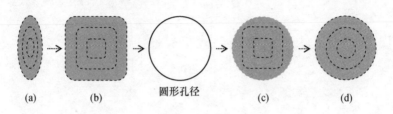

图 3.13　准直激光二极管光束通过一对变形棱镜和一个圆形光圈传播改变
　　光束的形状和强度轮廓。灰色的形状表示光束形状，虚线表示强度轮廓

3.4.3　使用弱柱面透镜校正像散

被一个非球面透镜准直和被一对变形棱镜圆极化后，光束中的像散仍然可以被只有几米聚焦长度的柱面透镜校正。正柱面透镜通常的用法如图 3.14(a) 所示，虽然原理上负柱面透镜也可以这样使用。

不同类型的激光二极管像散大小不同。对于给定的激光二极管，被不同的透镜准直后，光束的像散是不同的。找到焦距刚好能校正像散的校正弱柱面透镜机会很低。解决这个问题的方法如图 3.14(b) 所示。柱面透镜的光功率可以表示为一个向量 O，它可以在快轴和慢轴方向被分解为两个向量 F 和 S，如图 3.14(b) 所示。校正像散的柱面透镜的实际功率是 $|F| - |S|$。通过旋转柱面透镜光轴，$|F| - |S|$ 的大小可以从 $-|O|$ 到 $|O|$ 不断变化。使用一个 $|O|$ 超过需要的柱面透镜，总是可以找到一个校正柱面透镜像散的光角度。某种类型的波前传感设备用来测量最终光束的质量。

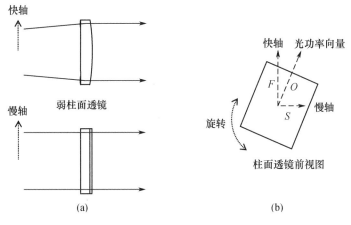

图 3.14　使用弱柱面透镜校正散光

3.4.4　使用一种特殊的柱面微透镜圆极化椭圆光束和校正像散

专门圆极化激光二极管椭圆光束和校正像散的柱面微透镜已被发明出来。一个直径约 $100\,\mu m$ 的微透镜放置在慢轴方向距离激光二极管约 $10\,\mu m$ 处,如图 3.15 所示。使用微透镜透射光束时,透镜的第一个面在快轴方向准直光束,第二个面在快轴方向偏移光束。当两个表面、厚度和微透镜的位置指示是正确的,光束可以被圆极化并且可以减小像散,如图 3.15 所示。

正如在前一节中提到的,不同类型的激光二极管有不同的光束发散度和像散。甚至相同类型的不同激光二极管也有不同的光束发散度和像散。一些稍微不同的微透镜可供选择,透镜的位置和方向需要仔细调整,光束需要由一个波前传感器实时监控。最后光束是一个 1.2:1 或更小的圆。

由于微透镜需要放置在激光二极管附近,透镜上的任何微小瑕疵都将被放大,产生散射。因为透镜尺寸较小,光束也会在两个透镜表面之间多次反射。最后光束将看起来像图 3.16 所示,它看起来"脏"。由于人眼对光照强度的响应是非线性的,多次反射光斑和散射对人眼来说是实际上是非常弱的,可以忽略。对于波前误差而言,圆极化光束

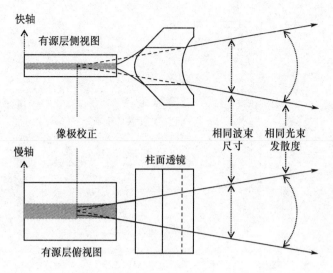

图 3.15　使用一种特殊的柱面微透镜圆极化一个椭圆光束和校正像散

的质量是不错的,通常在峰谷误差为 $<\lambda/4$。微透镜是基于 AR 技术镀膜,但仍会使光束的功率损耗约 20% 。这种微透镜不是针对零售市场出售,而是授权给 Coherent 公司的,并且蓝天研究公司要将其安装在 Circulaser™ 激光二极管模块上。

图 3.16　CirculaserTM 光束的多次反射点和散射在
视觉上不干净。但是,光束质量仍然不错

3.4.5　利用单模光纤圆极化椭圆光束及校正像散

使光束耦合进单模光纤是圆极化激光二极管椭圆光束和校正像散

的另一种方法校正。单模光纤内的光束将被转换为 TE 光纤。由于光纤是圆形的,输出的光束也是圆形的且有像散。根据作者的经验,与 Circilaser™ 光束或被变形棱镜圆极化的光束相比,从单模光纤输出光束有较高的光学质量。从单模光纤输出的光束是干净、漂亮的圆形,波前误差为 $\lambda/10$。

3.5　单模光纤束传输

单模光纤可以很好地圆极化激光二极管椭圆光束,校正像散,并让光束能够传播到激光二极管光束不能直接到达的位置,因而被广泛使用。各种带单模光纤输出的激光二极管模块可在市场找到,经常带有一个昵称"辫子"的模块。然而,激光二极管光束耦合进单模光纤不是一件容易的事。

单模光纤芯径尺寸很小,对于红光而言,大约为 $6\mu m$,对于 $1.55\mu m$ 的光而言,大约为 $12\mu m$。在光学领域,光纤也称为"模"。光纤芯径尺寸和纤芯的反射率及包层的不同决定了光纤模的大小。单模光纤输出光束非常接近高斯光束,束腰位于光纤输出平面。光束远场像散与束腰大小成反比,大约是 $10°$ 或半高宽值。单模光纤芯径也有接收锥角,由文献[2]给出:

$$\theta = \arcsin\left[\,(\,n_{co}^2 - n_{cl}^2\,)^{0.5}\,\right] \tag{3.2}$$

式中:n_{co}, n_{cl} 分别为纤芯和包层的折射率,如图 3.17 所示。接收锥角通常表示为数值孔径(NA),$NA = \sin\theta$。大多数单模光纤接收数值孔径范围为 $0.1 \sim 0.15$。一些特殊光纤的接收数值孔径为 $0.05 \sim 0.4$。

将单 TE 激光光束耦合进单模光纤并且没有大的功率损耗,激光二极管光束必须有小于纤径尺寸的聚焦光斑,同时光束会聚锥角必须小于光纤会聚锥角。

不幸的是,大多数单 TE 激光二极管光束不能同时满足这两个要求。当光束在快轴方向聚焦满足芯径大小和光纤会聚锥角时,慢轴方向的光束聚焦光斑将大于芯径大小,如图 3.17 所示。当光束在慢轴方向聚焦满足芯径大小和光纤会聚锥角时,快轴方向的光束聚焦光斑将大于芯径大小,图 3.18 所示。这种现象是由于椭圆光束引起的。

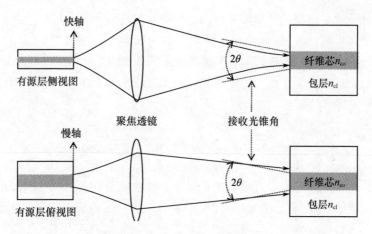

图 3.17　单 TE 激光二极管光束耦合进单模光纤,θ 为光纤的
接收锥角。当光束快轴方向的纤维芯和接收锥角相匹配时,光束慢
轴方向的聚焦光斑大小将大于纤维芯

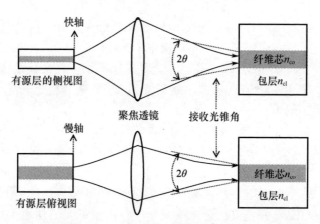

图 3.18　单 TE 激光二极管光束耦合进单模光纤,θ 是光纤的接收
锥角。当光束慢轴方向的芯径大小和接收锥角满足要求时,光束在快轴
方向的会聚锥角大于光纤会聚锥角

　　将单 TE 激光光束耦合进单模光纤并且没有大的功率损耗 TE,光束也必须很好地与纤芯对准。这涉及 3 个线性的和两个角度的调整。3 个线性调整比两个角调整更重要。两个横向调整比纵向调整更重要。高质量的 $x-y-z$ 转换是需要校准的,还需要一些耐心和经验。

实际的耦合效率约为 50%。光束从 Circulaser™ 发出是圆形的,可以被耦合进单模光纤,效率高达约 80%。然而微透镜引起的 Circulaser™ 的功率损耗约为 20%。与其比较,气体激光是圆形的,可以同时满足单模光纤的纤芯和会聚锥角要求,耦合效率可以超过 90%。

需指出的是,从单模光纤输出光束的发散角不同于光纤接收锥角,因为式(3.2)的锥角并不取决于光纤模的大小,而光纤输出光束的发散角与模的大小成反比。

单模光纤尖端可以进行化学处理形成一个透镜,如图 3.19 所示,这样的纤维称为端面光纤。光纤尖端透镜可以聚焦激光二极管发散光束,还可以将光束直接耦合进光纤。光纤必须放置在离激光二极管几微米处,因为光束有一个很大的散光。端面光纤在市场上不容易找到。

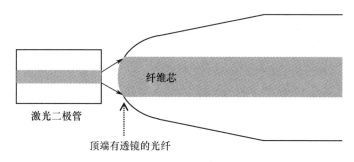

图 3.19　端面单模光纤顶端有一透镜可以
直接耦合单 TE 激光二极管光束到光纤

3.6　孔径切光影响

单 TE 激光二极管光束在快轴方向像散大于大多数准直透镜的数值孔径,因此光束将最有可能被透镜边缘剪切,并且应该意识到切光现象的影响。没有可分析的数学模型可以解决所有的切光。衍射理论的数值计算并不简单。在本书中,定性讨论切光现象。

图 3.20 所示为准直透镜剪切激光二极管光束的示意图。切光通常发生在透镜前表面,因为此处光束发散角大。透镜第二平面将进一步剪切光束。切光现象将有 4 个主要影响,即减少束腰尺寸、将束腰位

置或焦点位置转变、改变光束强度剖面、增大光束的 M^2 因子。

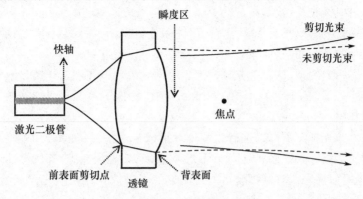

图 3.20　准直透镜在快轴方向剪切激光二极管光束的示意图。
虚线是没有剪切的光束，实线是剪切后的光束

　　光束被剪切后，光束 $1/e^2$ 强度大小将小于透镜光圈，如图 3.20 所示。当剪切率低，即在 $1/e^2$，剪切光束的 $1/e^2$ 强度大小比透镜光圈小几个百分点。当剪切率高，在 50%，剪切光束的 $1/e^2$ 强度大小比透镜光圈小几个百分点。剪切将引起衍射现象，使光束更发散，如图 3.20 所示。对聚焦光束，切光现象将使焦点的位置转向透镜。当剪切率 < 50%，焦移 < 1%，焦距将是一个合理的估计。

　　被剪切后，光束的强度剖面将经过一个几毫米长度的窄区域，如图 3.20 所示。在这个区域中，光束强度剖面变化快，图 3.21 所示为两个典型的强度剖面。随着光束继续传播，光束强度剖面变化，但变化逐渐变慢。旁瓣有时会出现双峰。旁瓣和双峰衍射环有不同的大小和位置。图 3.22 所示为 3 个典型的距离剪切点几毫米或超越剪切点的激光二极管光束剪切后的强度剖面图。旁瓣的等级和双峰中心的减小随着光束传播不同，在实际测量中可以高达 10% 或更多，透镜缺陷和偏差的所有影响都应予以考虑。光束传播时旁瓣和双峰会交替出现或出现在相同的距离。对于准直光束，衍射效应最终将占据远场，旁瓣和双峰会消失，光束强度剖面将不再是准高斯分布。

　　对于聚焦光束，旁瓣和双峰可以出现在焦点处。通过略微离焦，可以在一定距离消除双峰。然而，旁瓣可能始终存在。使用一个孔径阻

54

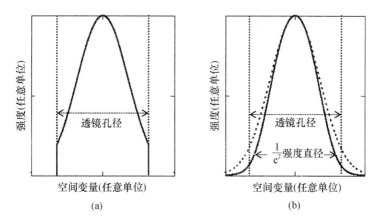

图 3.21 (a)光束被剪切处的强度剖面以及(b)实线是光束被剪切后几毫米处的强度剖面,高斯附近的剖面有长尾部,$1/e^2$ 强度直径小于透镜光圈,虚线是被剪切前的高斯强度分布图

挡旁瓣可能会产生新的旁瓣,因为旁瓣是衍射的结果,增加的光圈也会使光束衍射。除非增加的光圈耦合进几毫米处的探测器。在这么短的距离,衍射条纹与主光斑分不开,如图 3.21 所示。

剪切激光二极管光束将增加光束远场发散,这是衍射的结果。发散的增量不只是束腰大小被剪切掉的量,这意味着光束 M^2 因子也增加了。准直激光二极管光束通常有一个从 1.1 到 1.2 的 M^2 因子。

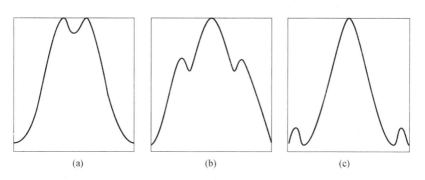

图 3.22 在距离剪切点几毫米处或远离剪切点处被剪切的 3 种典型光束强度剖面。水平轴是任意单位空间变量,纵轴是任意单位强度

3.7　衍射光学器件

随着各种衍射光学器件的发展,带来各种光束模式,如传统的透镜可以聚焦光束,或光束整形。图 3.23 所示为光束的几种常见模式。衍射光学器件可以生成比图 3.23 所示的更多的模式。衍射光学器件是微结构并利用衍射现象进行设计。衍射效应采取确定的距离工作。如果两个衍射光学器件放置在一个未经分析的位置,第二个衍射光学器件可能会影响第一个衍射光学器件的性能,光束将一团糟,这样的设置应避免。衍射光学器件只对特定波长和入射角起作用,通常为准直光束。它们很少使用在有许多传统的透镜的复杂光路中。

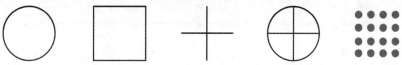

图 3.23　一些常见的由衍射光学器件产生的光束模式

3.8　光束整形

对于单 TE 激光二极管,光束整形通常意味着将高斯光束转化成一个平顶光束或顶帽式光束,因为许多应用需要一个平顶光束。图 3.24 所示为两个透镜光束整形器,射线密度代表了光束的强度。输入光束在中部区域射线密集,在光束的边缘射线密度逐渐下降。第一个透镜是非球面凹透镜,在中部区域有更多的能量。通过第一透镜传播之后,中部区域光束比边缘的光束更发散。第二个透镜是非球面凸透镜,在中部区域有更多的能量。通过第二个透镜传播后,光束准直,光线密度均匀或为平顶强度分布。图 3.24(b)显示了设计为平顶强度分布的光束成型机。对于一束真正的整形波束,在平坦的部分有很多噪声和波动。不同类型的光束整形器也可以有不同的强度分布。光束整形器工作范围有限,通常为几米。超出这个范围,因为衍射,光束强度分布将逐步变为准高斯分布。

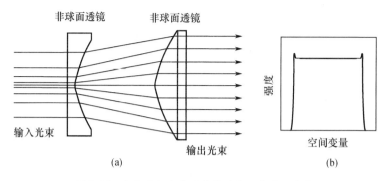

非球面透镜　　　　非球面透镜

输入光束

输出光束

(a)

强度

空间变量

(b)

图 3.24　(a)两个非球面透镜形成一个平顶光束
整形器以及(b)一个平顶光束整形器的强度分布

3.9　外部光反馈对激光二极管的影响

激光二极管发出的激光功率可以意外或故意反馈到激光二极管活
跃层。反馈低至 1% 的发射功率可以使激光二极管工作不稳定。更高
的反馈可以显著提高激光输出功率，有可能毁坏激光二极管。

图 3.25 所示为两个意外外反射的例子。图 3.25(a)中激光二极
管光束聚焦在一个如 CD 表面的光学平面上，且聚焦光束的束腰在此
表面上。因为光束在束腰上没有像散，且光束以正常方向入射在表面
上，反射光束将以入射光束相同的路径回到激光二极管活性层。如果
反射是不必要的，光学表面应倾斜几度转移反射的光束。图 3.25(b)
显示了一个光学表面非常接近激光二极管输出平面。虽然被光学表面
反射的光束有较大的像差，某一部分的激光功率仍然可以反射到活跃
层。因为在这种情况下，光束的尺寸和活跃层尺寸相当，反射率较大。
如果一个光学表面必须放置在距离激光二极管几十微米以内，某些类
型的激光功率监测和控制设备应该用来保护激光二极管避免超负荷
驱动。

图 3.26 所示为一个有意的外部光反射例子。一个光纤光栅外腔
激光器系统。激光二极管有 HR 涂层和 AR 涂层，如图 3.26 所示。带
有折射光栅的端面光纤在其内部激光二极管附近。光纤光栅将一部分

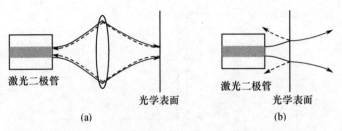

(a)

(b)

图 3.25 (a)实线是单 TE 激光二极管光束聚焦在光学表面,
虚线是光束由光学表面反射回活跃层以及(b)实线是单 TE 激光二极管
光束入射在激光二极管附近的光学平面,虚线是被光学表面反射的光束

激光功率反射回激光二极管活性层并输出另一部分激光功率。带有光
纤光栅和 HR 涂层的激光二极管形成激光腔。光栅具有窄光谱带宽,
只有带宽内的波长可以被反射,激光二极管被迫工作在线宽非常窄的
波长上。

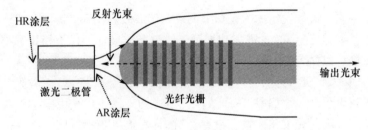

图 3.26 光纤光栅外腔半导体激光器系统的示意图

图 3.27 所示为另一个有意的反射外部光的例子,一个可调节反射
波长的光栅激光二极管系统。激光二极管的两个面分别为 HR 涂层和
AR 涂层。首先通过透镜准直激光二极管发出的光束,然后产生利特
罗光栅。光栅的零级衍射或反射光束是输出光束,如图 3.27 所示。一
阶衍射光束的光栅产生在镜子上。透镜将一级衍射光束通过光栅和反
射镜反射回激光二极管活跃层。反射镜和激光二极管的 HR 涂层面形
成激光腔。由于光栅的色散函数,一阶衍射传播方向是激光波长的函
数。以一定角度放置的反射镜只能反射特定波长和使激光器工作在这
些波长范围内。激光波长可通过调整镜子的角度进行调节。活性介质
带宽的调谐范围是有限的。对于 1.55μm 波长的激光二极管,调节范

围可超过100nm。

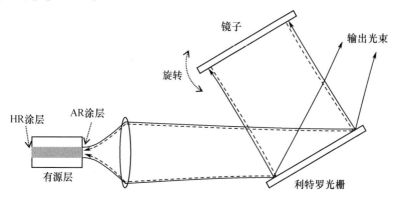

图 3.27 光栅外腔激光器二极管系统的示意图

参考文献

1. sun, H. : Analysis of delivering a laser diode beam with the smallest spot. Opt. Eng. 51,019701 − 1 − 019701 − 3(2012).
2. Mang optics books dealing with fiber optics have relevant contents. For example, Saleh, B. E. A. , Teich, M. C. : Photonics, chapter 8, Fiber Optics. John Wiley &Sons,Inc. ,New York(1991).

第 4 章　多横模激光
二极管光束光学整形

摘要：本章对多横模 TE 激光二极管准直或聚焦光斑大小的计算方法进行讨论。使用光纤传输和微棱镜对多 TE 横模激光二极管光束整形也做了简要说明。多 TE 横模激光二极管光束主要用于对光束操作要求无需太精确的照明应用中。但是，多 TE 激光二极管光束有独特的高斯光束和几何光束，对多 TE 激光二极管光束的校准和聚焦也进行了不同的分析。

关键字：多 TE 宽条纹；激光叠层；准直；聚焦；焦点尺寸；光束形状；光束传输

4.1　准直和聚焦

为了增加激光功率，必须增加活性层宽度。这样的激光二极管是宽条纹激光二极管。条纹激光二极管光束包含多 TE 横模，如图 1.3 所示。每个模都是一个准高斯光束。为了避免混乱，把所有 TE 的组合称为"光束"。对于我们来说，光束的特征要比单个模的特征更为重要。在快轴方向上，多 TE 激光二极管光束和单 TE 激光二极管光束特性相同，我们已经知道怎样计算一定距离上的准直或聚焦点的尺寸。然而在慢轴方向或者沿着宽条纹方向，很多模式的组合使光束行为更像是几何线性光源。在分析多 TE 激光二极管光束的准直或聚焦时，需要使用几何光学和高斯光学两种理论。

4.1.1　宽条纹激光二极管光束准直

图 4.1 所示为宽条纹多 TE 激光二极管光束的准直示意图，在这

里 a 是宽条纹的半宽度，w_0 是慢轴方向或者宽条纹方向激光模的束腰半径，s 是工作距离 d 处的整体光斑尺寸。关于操作激光二极管，我们经常关注的问题是，当光束被校准时，在一定工作距离 d 上整个光斑究竟能有多小。这一章将讨论这个问题。

当光束用透镜校准后，宽条纹和其模置于透镜的焦平面上，Ω 是光线与透镜光轴的夹角，a 是光线和焦平面交点与透镜光轴之间的距离，如图 4.1 所示。在工作平面 d 处，宽条纹图像半宽度可以记为

$$a' = d\Omega$$
$$= d(a/f) \tag{4.1}$$

式中：f 为透镜焦距；w_0 的值通常是距宽条纹以外几微米其部分模的区域，所以假设模的中央在宽条纹的边沿，是一种很好的近似，如图 4.1 所示。从实际的观测点来看，不太可能找到宽条纹模边缘的准确位置，我们必须做这样的近似。这个边缘的模首先沿平行于透镜的光轴方向传播，在经过透镜后，边缘的模也沿与透镜光轴夹角 Ω 的方向传播，如图 4.1 所示。当边缘模到达工作平面，它将聚焦到距离宽条纹图像边缘距离为 a 的一点，如图 4.1 所示。校准模式的束腰半径 w_0 可由式 (2.18) 计算。在工作平面的模尺寸 $w(z)$ 由式 (2.1) 计算，这里传播距离应该 $z = (d - f)/\cos(\Omega) \approx d$，这是因为 $d \gg f$ 和 $\cos(\Omega) \approx 1$。部分 $w(z)$ 可以伸出宽条纹图像，贡献于工作平面上整体尺寸为 s 的光斑，如图 4.1 所示。

下面举一个例子。宽条纹的半宽度 $a = 100\,\mu m$，工作距离 $d = 100m$，慢轴方向的激光模与 2.5 节的模是一样的，焦距为 10mm 的聚焦透镜和 2.5 节里用到的聚焦透镜的焦距 f_1 也是一样的。我们有 $\Omega = a/f = 100\,\mu m/10mm = 10mR$，$a' = 10mR \times d = 10mR \times 100m = 1m$。$w_0'$ 在 2.5 节已经计算出来为 1.42mm（在这里用符号 w_{0s}'），能发现在 d 处 $w(z) = 15mm$。然而 $w(z) \gg a$，$w(z)$ 大约位于宽条纹图像的边缘处。因此，半个光斑尺寸是 $s \approx a' + w(z) = 1.015m \approx a''$。于是得到结论，宽条纹激光二极管成像尺寸非常大，可以被看作宽条纹激光二极管准直后光束的整体光斑，从而计算过程变得非常简单。

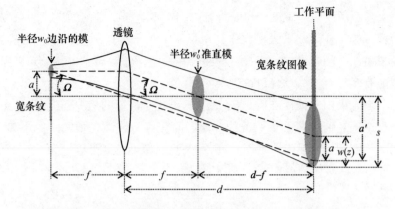

图 4.1　用透镜准直宽条纹 TE 激光二极管光束,虚线是几何
光学,实线是激光模,图纸的比例不准确,只用来说明

4.1.2　宽条纹激光二极管光束的聚焦

我们考虑使用一个透镜在工作距离 $d = 500\text{mm}$ 处聚焦宽条纹激光二极管光束。仅使用一个透镜聚焦光束的原因是宽条纹激光二极管光束在某种程度上像几何光源,它不能够被很好地准直或聚焦成一个小点,这已经在 4.1.1 节提到,如图 2.10 所示的两个透镜聚焦设置是不需要的。聚焦位置如图 4.2 所示。宽条纹、激光模和聚焦透镜与 4.1.1 节中使用的相同。根据几何光学薄透镜方程式(2.12),我们发现 $o = 10.204\text{mm}$ 会使宽条纹被聚焦在 500mm 处。接着从式(2.14)中得到 $a' = d(a/f) = 4.9\text{mm}$。根据高斯光束薄透镜方程式(2.14),我们发现 $o = 10.204\text{mm}$ 将会使激光模被聚焦在 $498.9 \approx 500\text{mm}$ 处。由式 (2.18)得到 $w'_0 = w_0 \times m = 1.5\mu\text{m} \times 48.9 = 73.4\mu\text{m}$, $w'_0 < a = 100\mu\text{m}$,如图 4.2 所示。因此 w'_0 将不会对整个光斑大小 s 有所贡献,我们有 $s = a'$。在这里得出的结论和在 4.1.1 节中得出的结论是相同的,即宽条纹的图像尺寸可以被看作整个光斑的大小,对于计算宽条纹激光二极管的聚焦光斑大小变得非常简单。

4.1.3　激光二极管叠加光束的准直和聚焦

激光二极管叠加的原理图如图 1.5 所示。叠加可以被认为是一个

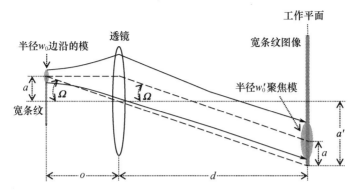

图 4.2 用透镜聚焦多 TE 激光二极管光束,虚线是几何光线,
实线是激光模式。图示只为说明之用,其中比例并非十分精确

大小 $a \times b$ 的矩形几何光源。在慢轴方向上,聚焦或者准直后的光束点大小可以用 4.1.1 节和 4.1.2 节描述的方法计算,模的尺寸可以忽略。在快轴方向上,模的尺寸要比在慢轴方向上的尺寸小,因此模的尺寸在快轴方向上更可以被忽略。式(4.1)可以应用在快轴和慢轴两个方向上。

4.1.4 宽条纹激光二极管光束形状的演化

宽条纹多 TE 激光二极管光束沿快轴方向像散更大。如果光束的初始形状为线性,如图 4.3(a)所示,随着光束的传播,光束的尺寸在快轴方向上要比在慢轴方向上增加得快。在一定距离上,光束形状由于衍射变成了一个圆角正方形,如图 4.3(b)所示。随着光束的继续传播,光束形状变成了圆角矩形,如图 4.3(c)所示。如果光束被透镜聚焦,聚焦点是宽条纹图像,如图 4.3(f)所示。在透镜和聚焦图像之间的某个位置,光束形状如图 4.3(e)所示为正方形。如果聚焦透镜有较好的质量,也许可以在像线上看到这些横模图像,如图 4.3(f)所示的黑点。但是由于透镜的偏差增加了模图像的尺寸,更多的时候横模图像相互合并在了一起。

4.1.5 激光二极管叠加光束形状的演化

激光二极管叠加光束形状的演化在某些程度上与宽条纹激光二极

管光束形状的演化类似。光束在距离激光二极管几微米内叠加形成水平或垂直的矩形形状,如图4.4(a)所示。随着光束的传播,它的形状逐渐变成垂直的矩形,如图4.4(b)所示。如果光束通过透镜被准直或者聚焦,激光叠加图像将会和叠层图像相似,如图4.4(d)所示,如果透镜质量很好,仍然可以看到这些图像的横模,如图4.4(d)所示的黑点。

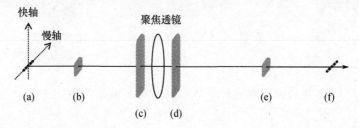

图4.3 宽条纹激光二极管光束形状的演化是由于光束通过透镜在自由空间的传播,宽条纹的小黑点和线型图像分别代表了横模和它们的图像

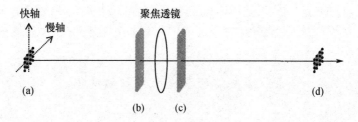

图4.4 激光二极管叠加光束的变化是由于光束的传播,小黑点和矩形图像分别代表了横模和它们的图像

4.2 光纤束光束的传输

多TE激光二极管光束可以从多模光纤阵列中获得,如图4.5所示。这里微透镜(玻璃纤维)的直径为$100\,\mu m$左右,是用来在快轴方向将模聚焦于光纤阵列。多模光纤纤芯较大,通常大于$50\,\mu m$。在模通过微透镜传播后,在慢轴方向上的尺寸依旧小于纤芯尺寸。将多TE激光二极管光束耦合到多模光纤比将单TE激光二极管光束耦合到单模光纤中要简单,耦合效率也很高。随后光纤阵列重新排列成一个圆形光纤束输出成圆形的多TE光束,如图4.5所示,因为比起线性光

64

束,我们通常更希望得到圆形光束。这样每一条光纤输出的光束都包含多个TE,所以光纤束的输出包含非常多的TE。相比较于激光光束,这样的光束更像一个几何光源。光纤的输出光束可以被透镜准直或聚焦。准直或聚焦点的大小可用4.1节中所描述的方法计算。

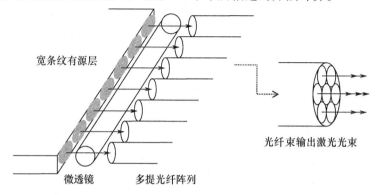

图4.5　使用圆柱形微透镜或玻璃纤维聚焦一多TE激光二极管光束到一个多模光纤阵列中,随后阵列形成一个用于输出圆形多TE光束的光纤束

4.3　光束形状

　　宽条纹激光二极管聚焦点的形状是一条光线,这通常是我们不希望看到的。各种光束整形光学元件已经可以使宽条纹由一维空间光源转换为二维空间光源。这样的设备大都是一种微棱镜阵列。图4.6所示的例子中,一个沿y方向传播的线性光源入射到由3个微棱镜组成的阵列上。3个棱镜位置排列遵循:将线形光等长地分为三部分,将这三部分线形光沿z方向向上反射,入射到另一个三微棱镜阵列,如图4.6所示。第二个微棱镜阵列再沿x方向反射这3个线形光作为输出。从x的负方向观测,能看到3条线形光均衡且平行排列,形成一"直角型"的线阵列。

　　下面以图4.6所示的光束形状为例进行说明。这里有很多取得专利的光束整形器件。例如,一个光束整形器可以把一条光线分为5个部分,形成"直角型"五线阵列。相比于三线阵列,五线阵列有沿垂直于线方向更均匀的空间强度分布,对于很多应用来说是一个更好的光

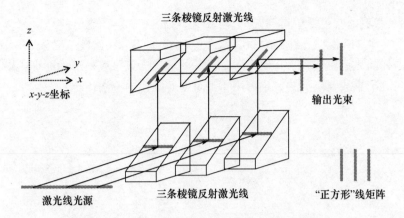

图 4.6　棱镜阵列光束整形示例。激光线被分解成
三部分,形成"正方形"线矩阵

源。这其中的难点不仅是从理论上设计一个简洁的光束整形器,还需考虑其制造性和成本的控制。

66

第5章　激光二极管光束特性

摘要:本章描述了测量单 TE 激光二极管光束大小,束腰位置,M^2 因子,远场发散和像散。以像散的测量为例说明激光二极管光束特性。

关键字:光束轮廓;束腰半径;束腰位置;M^2 因子;远场发散;像差测量

因为多 TE 激光二极管光束不能被很好地准直或聚焦成一个很小的光斑,这种光束主要用于照明类型的应用,而且不需要很高的精度。单 TE 激光二极管光束经常用于精确准直或严格聚焦的场合。因此,单 TE 激光二极管光束的特性比多 TE 激光二极管光束的特性更为重要。目前,有许多种类的激光二极管,而且相同种类的激光二极管也相差很大,其中单 TE 激光二极管光束特性的研究更为重要。单 TE 激光二极管光束有很大的发散而且基本上从不直接使用。一直以来,这些光束经常被光学系统准直或聚焦。因此,描述单 TE 激光二极管光束的特性主要是描述准直后光束或激光二极管光束的特性。在这一章我们只讨论准直后的单 TE 激光二极管光束的空间特性,而非光谱或者电特性。一旦了解了准直后的单 TE 激光二极管光束的空间特性,那么可以通过反推的方法得到直接来自二极管的光束的空间特性。

描述单 TE 激光二极管光束空间特性的 5 种参数分别是:快轴和慢轴方向的束腰半径;快轴和慢轴方向的束腰位置;M^2 因子。波长 λ 在方程中为已知参数,用来描述光束的空间特性。

5.1　光束截面和尺寸的测量

这里将谈到两种类型的激光光束轮廓分析仪:基于照相原理的和

基于扫描原理的。由于激光二极管光束截面强度分布不同,这里的光束轮廓分析仪主要用于研究光束的特性。

基于照相原理的轮廓分析仪包括:一个用以探测光束的二维空间传感阵列、一台用来负责数据处理和显示的装有专用软件的计算机。用二维传感器阵列的优势在于它可以提供一个真实的二维光束画面。两种类型的二维传感器阵列能覆盖的光谱范围是 190 ~1550nm,这些传感器阵列在市场上有很多,且价格也不是很贵。但是更长波长的传感器阵列可能很贵,这是它的一个缺点。它的另一个缺点是,像素大小被限制为几个微米,所以基于照相原理的轮廓分析仪的分辨率不能很高。通过软件,电脑可以显示各种光束参数,例如 $1/e^2$ 强度直径,$1/e^2$ 强度环带、光束中心位置等。

基于扫描原理的轮廓分析仪包括:一个扫描仪和一台用来负责数据处理和显示的装有专用软件的计算机。图 5.1(a)所示为一个被广泛应用的刀锋光束扫描器。一个转子上装有一个直角三角形刀具,被扫描的光束通过透镜聚焦到扫描仪上。聚焦的光线通过转子入射到一个氮元素传感器。由于刀带有直角形状,随着转子的转动,光束沿两个正交方向被扫描,如图 5.1(b)所示。通过对扫描位置和传感器输出信号的计算,可以沿这两个正交方向得到光束强度分布,分辨率可以达到

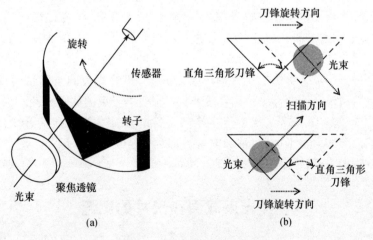

(a)   (b)

图 5.1 刀锋光束扫描仪图示

亚微米级,其分辨率要比二维传感器阵列的分辨率高很多。这也不难发现不同类型的单元件传感器包括更宽的光谱范围。基于扫描原理的轮廓分析仪的一个缺点是在除两个正交扫描方向以外,其他方向的光束强度分布不能被直接测量。计算机软件将会通过处理得到其他方向上合适的光束强度分布显示最好的结果。计算机软件可以显示各个光束参数,例如 $1/e^2$ 强度直径、$1/e^2$ 强度环带能量、光束中心位置等。

5.2 束腰位置和 M^2 因子

测量可以根据情况不同而采用不同的方法。重新整理式(2.8)和式(2.9),得

$$w_0 = \frac{w(z)\pi^{0.5}}{\left[1 + \frac{w(z)^4\pi^2}{R(z)^2(M^2\lambda)^2}\right]^{0.5}} \qquad (5.1)$$

$$z = \frac{R(z)}{1 + \frac{R(z)^2(M^2\lambda)^2}{w(z)^4(\pi^2)}} \qquad (5.2)$$

式(5.1)和式(5.2)表明,如果在某一点测量光束半径 $w(z)$ 和光束波前半径 $R(z)$,并且波长 λ 和 M^2 因子已知,则可以计算束腰半径 w_0 和从光束束腰到这一点之间的距离 z。依据上面的理论,测量光束的尺寸就相对简单了。但不幸的是,测量光束波前半径需要用到干涉仪,它在很多实验室都是不经常使用的。

假如已经在某一点测量了光束半径 $w(z)$、束腰半径 w_0、波长 λ 和 M^2 因子已知,则可通过修改式(2.8)计算从光束束腰到这一点之间的距离 z:

$$z = \frac{w_0\pi}{M^2\lambda}\left[w(z) - w_0\right]^{0.5} \qquad (5.3)$$

同样地,如果已经在某一点测量了光束半径 $w(z)$,从这一点到光束束腰之间的距离 z、波长 λ 和 M^2 因子已知,则可通过修改式(2.8)计算束腰半径 w_0:

$$w_0 = \frac{w(z)}{2^{0.5}}\left\{1 + \left[1 - \left(\frac{2\lambda zM^2}{\pi w(z)^2}\right)^2\right]^{0.5}\right\}^{0.5} \qquad (z \leqslant z_R) \qquad (5.4)$$

或者

$$w_0 = \frac{w(z)}{2^{0.5}} \left\{ 1 + \left[1 - \left(\frac{2\lambda z M^2}{\pi w(z)^2} \right)^2 \right]^{0.5} \right\}^{0.5} \quad (z \geqslant z_R) \qquad (5.5)$$

式(5.4)和式(5.5)分别适合于近场和远场。当 $z = z_R$，$w(z) = 2^{0.5} w_0$，条件 $2\lambda z M^2 / [\pi w(z)^2] = 1$，式(5.4)和式(5.5)相同。但是，因为在这种情况下我们不知道 w_0 和 z_R，也不知道是处于近场还是远场，只有通过式(5.4)和式(5.5)来计算 w_0 的两个可能值，然后把 w_0 的两个值带入到式(2.8)中来比较 w_0 的哪个值符合 $w(z)$ 最后的测量结果。

在大多数情况下，我们既不知道光束腰半径 w_0，也不知道腰部位置和 M^2 因子，只知道波长 λ，这种情况下最好的方法是简单地沿着光束方向改变光束轮廓来找寻束腰半径 w_0，测量这个束腰位置的瑞利距离范围 z_R，接着在距离 $z \geqslant z_R$ 的远场中测量光束半径 $w(z)$。用测量过的 w_0，$w(z)$ 和已知的 z 通过式(2.11)来计算 M^2 因子。

在这里，我们想指出 ISO 11146 程序指定了测量 M^2 因子的方法。ISO 程序需要 10 个沿着光束传播轴的光束尺寸。在这 10 个测量值中，5 个是在束腰位置附近的，另 5 个中至少 2 个是瑞利距离范围内的。因为激光二极管光束具有很大发散，通常一个准直或聚焦光束的束腰半径为 $0.5 \sim 5\text{mm}$。对于束腰半径为 1.5nm，波长为 $0.67\mu\text{m}$，$M^2 = 1.1$ 的光束，瑞利范围从式(2.10)中得到 $z_R \approx 9.6\text{m}$。瑞利范围的两倍长是 19.2m，这在实验室是一个很长的距离。对于一个没有使用过的激光二极管光束，瑞利范围仅仅是几微米，一个普通的光束分析仪无法定位接近激光二极管面，且激光二极管面和光束分析仪传感器面之间的距离无法精确到亚微米量级。所有的光束轮廓检测仪能够得到的是远场光束图样及粗略的测量。

然而，如果使用一个质量较好的透镜准直激光二极管光束，测量准直光束的束腰半径，且准直透镜焦距和激光波长已知，我们能够逆向计算激光二极管光束的束腰半径和发散度。这样更容易描述特征，与直接描述激光二极管光束特征相比，这样得到的结果更加准确。

5.3　光束远场发散角的测量

对于一条准直或者聚焦的激光二极管光束，上面已经测量过光束腰半径和在远场的光束半径,则光束的远场发散角能用式(2.11)计算出来。还有另一种方法是不需要测量光束腰半径就可以得到激光二极管光束的远场发散角。图 5.2 所示的装置是用于测量激光二极管光束远场发散角的。

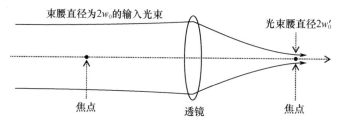

图 5.2 用于测量激光二极管光束远场发散角的设备

图中使用已知焦距为 f 的透镜聚焦光束。对于一个典型的准直激光二极管光束而言,瑞利范围 z_R 为几米,典型透镜焦距约 10mm,已知 $z_R/(M^2 f) \gg 1$,且从式(2.14)得到 $i \approx f$。因为 $z_R/(M^2 f) \gg 1$,我们从式(2.18)~式(2.11)中能得出:

$$\frac{w_0'}{f} = \frac{w_0}{z_R}$$
$$= \theta \tag{5.6}$$

式(5.6)表明,可以通过聚焦光束和测量聚焦光束的束腰半径得到准直激光二极管光束的远场发散角 θ。

5.4 像散的测量

当人们讨论激光二极管光束的像散时,指的是未被整形过的光束。一旦知道了像散,那么像散在准直或者聚焦光束中就可以被计算出来。单个 TE 激光二极管具有的像散约为几微米。大多数激光二极管慢轴方向的束腰位于快轴方向光束束腰的后面,如图 1.1 所示,可能会有相反的情况出现。几微米对于测量是一个小值。椭圆形高斯激光二极管光束使测量更加复杂。如果测量过程稍有不慎,将可能出现很大的误差,甚至在最后得出错误的测量结论。像散测量和单 TE 激光二极管光束的所有方面都有关系,而且它可以作为论证激光二极管光束测量

71

结果的一个很好的例子。

在这一节,我们分析一个例子。已知 2.5 节里给出的激光二极管参数;$1/e^2$ 强度的光束束腰半径在快轴和慢轴上分别为 $W_{0F} = 0.5\mu m$,$W_{0S} = 1.5\mu m$。波长为 $\lambda = 0.67\mu m$,以及 $M^2 = 1$。图 5.3 所示为像散测量设备。

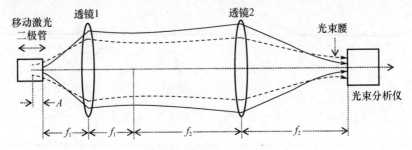

图 5.3　像散测量设备,实线和虚线分别表示快轴和慢轴方向的光束

图中透镜 1 用于准直激光光束,焦距 $f_1 = 10mm$,透镜 2 用于会聚激光光束,焦距 $f_2 = 100mm$。这种设备类似于图 2.10 所示的。透镜 1 必须有大的数值孔径以使光束不被剪切,否则被剪切的光束可能会引起焦点移动和大的测量误差。两个透镜的间距 d 应该满足 $d \approx f_1 + f_2$。一个光束分析仪被放置到透镜 2 的第二焦平面。被测量的激光二极管放置在透镜 1 的第一透镜焦平面附近。在测量当中,激光二极管沿着光轴来回移动。当激光二极管光束沿快轴方向的束腰在透镜 1 的第一焦平面上,光束分析仪将会在快轴方向看到焦点,具体如图 5.3 所示,激光二极管的位置被记录。当激光二极管光束沿慢轴方向的束腰在透镜 1 的第一焦平面上,光束分析仪将会在慢轴方向看到焦点,激光二极管的位置再一次被记录。两次记录的激光二极管位置之间的距离就是像散。这种测量方法可以称为"激光二极管移动法"。

选择 f_2 远大于 f_1 的原因是两个透镜的纵向放大率为 $(f_2/f_1)^2$。对于大纵向放大率而言,激光二极管位置变化量相同会使透镜 2 的第二焦平面上焦点尺寸变大,也使得测量变得更加容易。让 $d \approx f_1 + f_2$ 的原因是当激光二极管光束束腰在透镜 1 的第一焦平面上,透镜 1 上的准直光束束腰将出现在透镜 1 的第二焦平面和透镜 2 的第一焦平面上,

72

透镜2上的光束聚焦点将会出现在透镜2的第二焦平面上,这种情况是我们想要得到的。如果$d \neq f_1 + f_2$,透镜1上的准直光束束腰将不出现在透镜2的第一焦平面,透镜2上的光束聚焦点也将不会出现在透镜2的第二焦平面上,最终测量结果会出错,这就是在2.5节里讨论的重像散现象。但是,如果在d有450mm误差时,测量的像散只有0.5μm的误差。一般来讲,d的误差小于100mm已经是足够好了。万一有问题需要分析,$d \approx f_1 + f_2$也会使测量设备的光学特性简化。

激光二极管移动法的测量误差是可以计算的。如果光束束腰在快轴方向上距离透镜1位置偏移了10.001mm(1μm的位置误差),使用式(2.14)能计算准直光束束腰在快轴方向与透镜1相距42.13m处(透镜1的右手边位置),或者在与透镜2相距$f_1 + f_2 = -42.02$m处(同样也在透镜2右手边位置)。透镜2在快轴方向的焦点半径能从式(2.18)中计算得到为9μm,大约为聚焦最好时焦点半径$w''_{0F} = 18$μm长度的1/2(参考2.5节),这是个巨大的改变。如果光束束腰在慢轴方向上与透镜1相距10.001mm(1μm的位置误差),使用式(2.14)能计算准直光束束腰在快轴方向与透镜1相距0.9m处(透镜1的右手边位置),或者与透镜2相距-0.79m(同样也在透镜2右手边位置)。透镜2在慢轴方向的焦点半径能从式(2.18)中计算得到为67μm,这大约比聚焦最好时焦点半径$w''_{0S} = 72$μm减小了7%(参考2.5节)。光斑尺寸的这种改变是显著的。因此,该种激光二极管移动法测量装置精度约为1μm。

原理上,像散的测量也可以先将其中一个束腰定位在透镜1的第一焦平面上,然后在透镜2第二焦平面附近沿光轴方向前后移动光束分析仪进行测量。光束分析仪将会分别在快轴和慢轴两个方向看到焦点。两个光束分析仪之间的距离A'可以用来计算像差A:

$$A = A'(f_1/f_2)^2 \tag{5.7}$$

这种测量方法称为"分析仪移动法"。一些广泛流传的技术报告也推荐了这种方法。但是,对于分析仪移动法来说存在着一个大问题。为了方便解释说明,我们在图5.4中更详细地绘制了图2.11的第三象限的图;这就是透镜1的i-o曲线。假设把激光二极管沿慢轴方向束放置在透镜1第一焦平面上,在快轴上移动光束分析仪寻找焦点。从

图 5.4 中可以看到,在快轴上一个 i 值对应两个 o 值。图 5.4 中实心点和空心点分别所示两个例子。这意味着透镜 1 左边的两激光二极管光束束腰位置相同会导致透镜 1 右边束腰位置和透镜 2 右边束腰位置相同。因此,测量结果会出现错误。对于激光二极管椭圆光束而言,这是一种重像散特性。

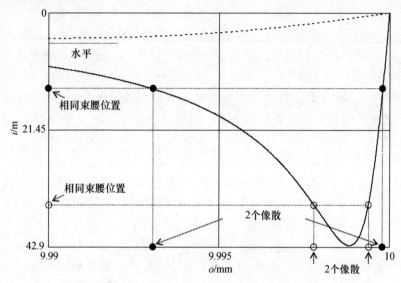

图 5.4   实线和虚线分别是透镜 1 的快轴和慢轴上的 i-o 曲线。
实心点和空心点显示了不同的像散能产生相同的焦距点位置,
也能导致错误的测量结果

为了避免这样的问题,沿快轴方向激光二极管光束束腰必须位于透镜 1 第一焦平面上,光束分析仪沿慢轴方向前后移动寻找焦点。我们可以从图 5.4 中看到沿慢轴方向上的 i-o 曲线不是线性的,而且像散大于 8 μm 左右时曲线接近水平,这里几个微米像散的不同不会对 I(束腰位置在透镜 1 右边)导致明显的变化,也不会对透镜 2 的焦点位置产生明显影响,测量结果的准确性较低。